W0262663

KARL BONHOEFFER

Zum Hundertsten Geburtstag
am 31. März 1968

Herausgegeben von

J. Zutt · E. Straus · H. Scheller

Springer-Verlag
Berlin · Heidelberg · New York 1969

Dr. J. Zutt, em. o. Professor der Psychiatrie und Neurologie an der Universität Frankfurt

Dr. Erwin Straus, Clinical Professor of Psychiatry, University of Kentucky; Research Consultant VA-Hospital, Lexington, KY./USA

Dr. Heinrich Scheller, o. Professor der Psychiatrie und Neurologie an der Universität Würzburg

ISBN 978-3-642-49647-9   ISBN 978-3-642-49941-8 (eBook)
DOI 10.1007/978-3-642-49941-8

Alle Rechte vorbehalten. Kein Teil dieses Buches darf ohne schriftliche Genehmigung des Springer-Verlages übersetzt oder in irgendeiner Form vervielfältigt werden. © by Springer-Verlag Berlin · Heidelberg 1969. Library of Congress Catalog Card Number 78-89811.
Softcover reprint of the hardcover 1st edition 1969   Titel-Nr. 1603

Vorwort

Karl Bonhoeffer, geboren wenige Jahre vor der Gründung des Deutschen Reiches, gestorben im ersten Jahr des „Kalten Krieges", hat seiner Familie eine Autobiographie hinterlassen. In ihr spricht nicht der Geheimrat, nicht der akademische Lehrer und Forscher, hier erzählt ein Mann, der viel gesehen, viel geschaffen und viel erlitten hat, Kindern, Enkeln und Freunden seinen Lebensgang. Bonhoeffer hatte nicht an eine Veröffentlichung gedacht. Jedoch die Lebensgeschichte eines Professors, der im Alter von 36 Jahren Kraepelin-Nachfolger in Heidelberg wurde, der bald danach Wernickes Lehrstuhl in Breslau übernahm und zwei Jahre vor dem Ausbruch des ersten Weltkrieges zum Ordinarius in Berlin ernannt wurde, eine solche Chronik, schien uns, dürfte der Öffentlichkeit doch nicht vorenthalten werden. Der stillen Gelassenheit, in der Bonhoeffer während des Kaiserreiches, während der Weimarer Republik und in der Hitler-Zeit der Wahrheit der Forschung lebte und diese verteidigte, entspricht auch der gleichmäßig erzählende Ton in der Selbstdarstellung. Von dem Verfasser selbst ist unmittelbar wenig die Rede. Er zeigt sich dem Leser durch das Medium seiner Welt, durch die Vorfahren, durch die „fast mystische lebensentscheidende" Begegnung mit seiner späteren Frau, durch das Schicksal der Familie und Freunde, durch die Probleme seines Berufes und die Persönlichkeiten, mit denen er in engere Berührung kam, durch die politischen Umstände und Ereignisse seiner Zeit.

Schon bald nach Bonhoeffers Tode begann unter denen, die die Biographie kannten, das Gespräch darüber, ob das allgemeine Interesse die Publikation einer für die Familie gedachten Biographie rechtfertigte. Man kam damals zu dem Schluß, der familiär-private Charakter sei zu wahren, der Wille des Verstorbenen sei maßgebend. Von einer Veröffentlichung wurde abgesehen. Schon damals tauchte aber in den Gesprächen gelegentlich der Gedanke auf, in einer späteren Zeit sei diese Frage neu zu bedenken und vielleicht anders zu entscheiden.

Heute sind 20 Jahre seit dem Tode Bonhoeffers vergangen. Die Zeiten haben sich in diesen 20 Jahren in unvorstellbarer Weise geändert, und sie sind im weiteren raschen Wandel begriffen. Das Zeitalter der Atomenergie und der Weltraumfahrt ist angebrochen. Eine revolutionierende Jugend möchte alles in Frage stellen, auch manches, was die Erfüllung der Wünsche vieler Generationen ist. Ob die Menschheit einer neuen

Stufe ihrer kulturellen Entwicklung entgegengeht oder einer globalen Sintflut, wissen wir nicht. Uns scheint aber, es habe sich in diesem Zeitenwandel die Bedeutung der vor 20 Jahren hinterlassenen Biographie geändert. War sie damals eine Erzählung für die Familie, deren intimer Charakter zu wahren war, so ist sie heute ein Bericht und ein Zeugnis aus einer vergangenen, einer vielleicht heileren, jedenfalls friedlicheren Zeit. Waren es doch die europäischen Friedensjahre 1871—1914, in denen das Leben Karl Bonhoeffers in Beruf und Familie sich entfaltete. Was für die Familie einstmals gedacht war, ist heute Dokument einer Epoche geworden, das in seiner Vorbildlichkeit weiteren Kreisen zugänglich zu machen, gerechtfertigt, vielleicht sogar Pflicht ist. Auch das Schicksal anderer Mitglieder der Familie, in erster Linie des Sohnes Dietrich, des bekannten Theologen, der ein Opfer der Tyrannei wurde, weckt ein natürliches Interesse auch an der Familie und an ihrem damaligen Haupt und Vorbild. So glauben wir, die Argumente im Einvernehmen mit der Familie richtig abgewogen zu haben und so auch im Sinne des Verstorbenen richtig entschieden zu haben. Die Wiederkehr des 100. Geburtstages war für alle willkommener Anlaß zur Herausgabe der Biographie in diesem Jahr.

Im Nachlaß fand sich auch der kleine, bisher unveröffentlichte Aufsatz über „Führerpersönlichkeit und Massenwahn". Er entstand nach Kriegsende 1946. Eine ausländische Zeitschrift, der das Manuskript angeboten wurde, wollte damals von „einem Deutschen" solche Betrachtungen nicht bringen. Es war dies das erste und einzige Mal, daß Bonhoeffer ein zur Veröffentlichung angebotenes Manuskript ablehnend zurückerhielt. Uns scheint dieser Aufsatz — bedenkt man die Zeit, in der er entstand — und das Schicksal, das damals über Bonhoeffer hereingebrochen war, ein besonders eindrucksvolles Beispiel für die souveräne Sachlichkeit, die sein ganzes Werk auszeichnet, und sich auch in Zeiten schwerster Belastung des Gemütes bewährt hat.

Daß sich Herr Zeller, ein Vertreter der jüngeren Psychiatergeneration, Nachkomme eines namhaften schwäbischen Psychiaters (Albert Zeller, 1804—1877), angeregt fühlte und es übernommen hat, Person und Werk im wissenschaftlichen Zusammenhang zur Darstellung zu bringen, ist gewiß ein lebendiger Beweis für die bis in unsere Tage fortdauernde Aktualität des Werkes und für die Anziehungskraft seines Schöpfers.

Den Nekrolog, der im Jahre 1948 in einer Fachzeitschrift erschienen ist, haben wir an den Anfang gestellt.

Ein Verzeichnis der Publikationen beschließt den Band.

Im Frühjahr 1969   Die Herausgeber

VI

Inhalt

Nekrolog
aus dem Jahre 1948 *

J. Zutt

Am 4. 12. 1948 verstarb in seinem Hause in Berlin, ein halbes Jahr nach seinem 80. Geburtstag, ein dreiviertel Jahr nach seiner goldenen Hochzeit, Karl Bonhoeffer. Sein wissenschaftliches Lebenswerk liegt in mehr als 90 Publikationen vor, die sich auf die Jahre 1894—1949 fast gleichmäßig verteilen. Außer der Studie über die akuten Geisteskrankheiten der Gewohnheitstrinker, der Monographie über die Psychosen im Gefolge von akuten Infektionen, Allgemeinerkrankungen und inneren Erkrankungen und der monographischen Darstellung der akuten und chronischen choreatischen Erkrankungen und der Myoklonien liegen keine zusammenfassenden Darstellungen in Buchform vor. Bonhoeffer liebte kurze Darstellungen, die sich eng an klinische Empirie anschlossen und in knapper Form die wissenschaftliche Bedeutung des Falles beleuchteten. Die Monographien behandeln Sondergebiete, mit denen sich auch zahlreiche andere seiner Veröffentlichung beschäftigen. Dem Thema der symptomatischen Psychosen, insbesondere auch der Intoxikationspsychosen sind etwa 30 Arbeiten gewidmet. Die Vergiftungsfolgen haben Bonhoeffer in ihrer symptomatologischen Verschiedenheit immer beschäftigt, wegen der Klarheit eines wesentlichen ätiologischen Faktors und der Beziehung zu den endogenen Psychosen. So haben ihn nicht nur die Alkoholpsychosen und die fortschreitenden und stationären Wahnbildungen bei narkotischen Dauervergiftungen interessiert, sondern auch die neurologischen und psychischen Folgeerscheinungen der Schwefelkohlenstoffvergiftung. So sehr es ihm gegeben war, das Gemeinsame der Syndrome zu sehen und zu zergliedern, so sehr war sein Blick auf die ätiologischen Zusammenhänge gerichtet, auf die Bedeutung der Konstitution, der besonderen Veranlagung zu Geisteskrankheiten. Ein ätiologisches Zwischenglied, dessen Entstehung im Organismus selbst zu suchen sei, bildet den Zusammenhang zwischen den verschiedenen Vergiftungen und Infektionen und den relativ einförmigen exogenen psychischen Reaktionsformen. Über 40 Arbeiten beschäftigen sich mit neurologisch-klinischen Themen, nahezu 20 mit speziellen Fragen der Lokalisation, so seine frühe

---

* Aus „Der Nervenarzt", 20. Jahrgang, 6. Heft, Juni 1949, S. 241—244.

Arbeit über die Bindearmchorea, zahlreiche Beiträge zur Rindenlokalisation, zu aphasischen und apraktischen Erscheinungen, zuletzt die Arbeiten über den Sehhügel und die subthalamische Region.

Wenn wir demgegenüber sehen, daß sich im engeren Sinn mit den endogenen Psychosen (das Thema wurde natürlich im Zusammenhang mit anderen Arbeiten häufig erwähnt) nur 7 Arbeiten beschäftigen, so ist das zweifellos eine bemerkenswerte Tatsache. Sie ist für einen Mitarbeiter Bonhoeffers sogar bis zu einem gewissen Grade überraschend, weil es ganz unrichtig wäre zu glauben, daß der geringen Zahl der Publikationen zu diesem Thema ein geringeres Interesse für das Gebiet der endogenen Psychosen entsprach. Davon kann gar keine Rede sein. Mehr scheint es, als ob er sich zu diesem Thema so wenig geäußert habe unter dem Eindruck der großen Forschungsarbeit, die unter dem entscheidenden Einfluß von Kraepelin und Bleuler (beide etwa 10 Jahre älter als Bonhoeffer) von seinen Zeitgenossen geleistet wurde. Der Beitrag, den Bonhoeffer selbst für die Psychiatrie seiner Zeit geliefert hat, sieht unter dem Gesichtspunkt der psychiatrischen Systematik aus wie eine große Ergänzung zu den Werken Kraepelins und Bleulers durch die Erforschung und Darstellung der exogenen Psychosen. Das wird noch deutlicher, wenn man seine gelegentlichen Warnungen liest, den Bereich der Schizophreniediagnose nicht allzuweit auszudehnen. Beiträge von entscheidender Wichtigkeit finden wir zur Frage psychogener Störungen und abnormer seelischer Äußerungen psychopathischer Persönlichkeiten, so die Arbeit über den pathologischen Einfall, die Pathologie der Lüge, die Beiträge zu den Degenerationspsychosen, das Referat über die Frage, wie weit kommen psychogene Krankheitszustände und Krankheitsprozesse vor, die nicht der Hysterie zuzurechnen sind. Bei seinem Interesse für die Bedeutung des psychogenen Faktors für die Entstehung psychiatrisch-neurologischer Krankheiten ist zu verstehen, daß ihn die Erfahrungen des Krieges, besonders die Wirkung des Schrecks, die Entstehung psychogener Lähmungen und kriegsneurotischer Störungen besonders beschäftigt haben. Zu allen diesen Fragen hat sich Bonhoeffer geäußert. Die Publikationen über Kriegserfahrungen zeigen besonders deutlich, wie er auch in aufgeregten Zeiten mit Sicherheit den Blick für das Wesentliche und Bleibende behielt. Vergleichende psychopathologische Erfahrungen aus beiden Weltkriegen, im Jahre 1947 in dieser Zeitschrift erschienen, geben eine Zusammenfassung seiner reichen Erfahrungen. Neben allen diesen Fragen finden wir noch zahlreiche Beiträge zu forensischen Problemen, zu Fragen des Anstaltswesens und der Geisteskrankenfürsorge. Wir finden 12 historische Rückblicke und einige Arbeiten über die Bedeutung der Psychiatrie und Neurologie für das medizinische Studium.

Es mag gut sein, bei einem Rückblick anläßlich seines Todes auf die Weite und Bedeutung des wissenschaftlichen Werkes hinzuweisen. Uns, die wir aus der Bonhoefferschen Klinik hervorgegangen sind und die wir diesen Tod naturgemäß als besonderen Verlust empfinden, ist es darüber hinaus ein Bedürfnis, neben der wissenschaftlichen Leistung, die in den Publikationen zugänglich ist, das Bild des Menschen, dem wir so vieles verdanken, festzuhalten. Es versinkt sonst vielleicht allzu rasch in Vergessenheit.

Diejenigen von Bonhoeffers Mitarbeitern, die heute selbst in der Mitte des Lebens stehen, kamen an seine Klinik, als er selbst auf dem Gipfel seiner Entfaltung stand. Nach 5jähriger Assistentenzeit bei Wernicke hatte er 1898, im Jahre seiner Verheiratung, die Leitung der Beobachtungsstation für geisteskranke Gefangene in Breslau übernommen. 1903 folgte er einem Ruf nach Königsberg und wurde 1904 Kraepelins Nachfolger in Heidelberg. Noch im gleichen Jahre kehrte er als Nachfolger von Wernicke nach Breslau zurück, wo er bis 1912 blieb. In diesem Jahr wurde ihm das Ordinariat in Berlin übertragen und er behielt die Leitung der Klinik 25 Jahre lang bis zum Jahre 1937. Es waren im ganzen schöne und glückliche Jahre einer klinischen Arbeitsgemeinschaft. Alles ging unter Bonhoeffers Leitung einen ruhigen, natürlichen Gang. In der großen Klinik mit ihren 240 psychiatrischen und neurologischen Betten, der Poliklinik mit ihrer großen Frequenz gab es nichts wesentliches, das Bonhoeffer nicht wußte. Er sah alle klinischen Fälle. Wichtiges oder Ungewöhnliches sah er genauer. Oft wurden schwierige differentialdiagnostische Erwägungen auf Grund der Vorstellung und Untersuchung im Kolleg entschieden. Viele Gutachten, alle wichtigen, wurden ihm zu einer letzten Entscheidung vorgetragen. Bei jeder neurochirurgischen Operation war er zugegen. Er versäumte keine Obduktion. Die Oberärzte spielten in der klinischen Ordnung keine große Rolle. Der unmittelbare Verkehr mit den Stationsärzten war wesentlicher. Er ließ viel Freiheit und schenkte Vertrauen. Für Fragen seiner Mitarbeiter hatte Bonhoeffer immer Zeit.

Dies alles ist nichts besonderes. Wer aber das Leben einer solchen großen Klinik kennt, wird sich wundern, daß Bonhoeffer die Klinik jeden Morgen um $^1/_2$9 Uhr betrat und sie um $^1/_2$2 Uhr verließ. Der übrige Tag gehörte der privaten Arbeit, der Praxis und der Familie. Man wird sich fragen, wie es möglich war, in der kurzen Zeit von 5 Stunden, das in einer Klinik zu leisten, wovon oben die Rede war, einschließlich 5 Wochenstunden Kolleg und es so zu leisten, daß einem großen empirischen Bedürfnis Genüge getan war und so, daß jeder der Assistenten stets das Gefühl eines immerwährenden Mitdenkens hatte, so daß eigentlich die Arbeit eines jeden in dem Gespräch über diese

Arbeit mit Bonhoeffer gipfelte. Und das gelang alles ohne eine formal organisierte Ordnung. Die Konferenz und das Kolleg waren die festgelegten Zeiten des Tages. Alles übrige war nicht formal festgelegt, auch nicht die Reihenfolge der Visiten.

Zu begreifen und zu erklären ist diese Leistung nur aus der Vollkommenheit der inneren Ordnung, die Bonhoeffer selbst an die Aufgaben des Lebens heranbrachte. Seine Pünktlichkeit war nur ein äußerlicher Ausdruck dieser inneren Ordnung. Seine jeweils geduldige Offenheit für jede konkrete Situation, die souveräne gleichmäßige Beherrschung des psychiatrisch-neurologischen Wissenstoffes, sein außerordentliches klinisches Differenzierungsvermögen, verbunden mit einem hervorragenden Gedächtnis, seine bei aller vorsichtigen Zurückhaltung große Sicherheit des Urteils setzten ihn instand, jede konkrete Situation am Krankenbett so zu durchschauen und so weitgehend zu klären, daß seine Mitarbeiter jeweils Aufklärung und Anregung zugleich erfuhren. Dabei fehlte dem Verfahren völlig alles Eilige oder sichtbar Virtuose. Alles war stets behutsam und blieb im besten Sinne natürlich: Ein gesammeltes Fragen, Hören, Schauen, Untersuchen und Erwägen, das jeden, der dabei war, zur Teilnahme zwang, nicht zum Hinnehmer einer Meinung, sondern zum Mitdenken. Es wurde wenig gesprochen, jedenfalls nie etwas Überflüssiges. Wie oft hat aber eine kleine Frage die Richtung angezeigt, in der die wesentliche Lösung eines Falles zu suchen war. Niemals trat etwas hervor, wofür Bonhoeffer sich als Thema gerade interessierte. Vielmehr fand stets der Kranke, seine Beschwerden, seine Sorgen und sein Schicksal die gebührende Beachtung. Ärztliche Sorgsamkeit und Zuwendung zum hilfesuchenden Kranken verbanden sich dabei mit der Erfahrung, daß im natürlichen Gespräch mit dem Kranken am leichtesten sich auch verborgene Hinweise ätiologischer Art ergaben.

Es entsprach dem Wesen Bonhoeffers, daß Stimmung und Gespräch immer dem jeweiligen Kranken überhaupt der jeweiligen Situation angemessen waren. Ein natürlicher Ernst war die vorherrschende Stimmung, die im Leben der Klinik gleichmäßig von seiner Person ausging. Am rechten Platz fehlten aber weder Humor noch Witz. Menschen, Situationen und Dingen widerfuhr eben Gerechtigkeit. Daraus ergab sich das Unsystematisierte, Unorganisierte und doch Geordnete der Arbeit. Es herrschte nicht eine erlernte und angewöhnte methodische Haltung als ordnendes Prinzip, sondern ein Ethos, das in Bonhoeffers Wesen wurzelte. Wo er wirksam war, erhielt Alles sein angemessenes Gewicht. Auch die wissenschaftliche Forschung war kein Selbstzweck, dem sich die übrigen Bereiche des Lebens unterzuordnen hatten. Bonhoeffers Gefühl für das rechte Maß ließ das nicht zu. Seine wissenschaftliche Arbeit blieb im besonderen Sinn immer übergreifenden Ordnungen verantwortlich. Der Zug schlichter Sachlichkeit, der durch seine Arbeiten geht, hat darin seinen Grund. Seine Liebe zur Empirie entsprang seiner Liebe zur Sache, seinem Offensein für die Dinge und seiner Fähigkeit, die Menschen zum Sprechen und zur Selbstoffenbarung zu bringen. Über alle solche grundsätzlichen Fragen wurde kaum jemals gesprochen. Wie überflüssig schien uns das laute Verlangen nach der Behandlung des ganzen Menschen. Wie fremd und verabscheuungswürdig die Entartungserscheinungen einer spezialistisch eingeengten und mißbrauchten medizinischen Wissenschaft. Es gibt einen Begriff von dieser ethischen Seite seiner ärztlichen Wirksamkeit, wenn Bonhoeffer in seinem Erfahrungsbericht aus der Verdunschlacht schreibt: „Wer die eben aus erschöpfenden Feldzugserlebnissen in die Lazarette verbrachten Soldaten liegen gesehen hat, versteht, daß das Interesse wissenschaftlicher Einzelforschung hinter der selbstverständlichen Forderung des Ruhebedürfnisses zurückgestellt worden ist."

Das Offensein für das Wesen der Dinge führte in der Praxis der Arbeit zur Konzentration auf das wesentliche und damit im Ergebnis zu einer gesammelten ungewöhnlichen Leistung in kurzer Zeit. Für dieses praktische Ergebnis war ebensowichtig die Selbstverständlichkeit, mit der Unwesentliches ferngehalten und gemieden wurde. Alles überflüssige Gerede verstummte in Bonhoeffers Gegenwart. Schlecht fundierte Spekulationen und theoretische Verstiegenheiten, jedes übertriebene oder falsche Pathos und jede geschraubte modische Terminologie waren ihm zuwider. F. Th. Vischer sagt von den Schwaben, sie mögen die „Geisthetzerei" nicht. Ganz das traf auf ihn zu. Und wenn Heidegger sagt: nötig ist in der heutigen Weltnot die Strenge der Besinnung, die Sorgsamkeit des Sagens und die Sparsamkeit des Wortes, so wird deutlich, wie fern die Person Bonhoeffers den Gefahren zeitbedingten Verfalls war und wie nahe den Quellen echter Kultur. Man konnte von niemandem besser lernen, daß auch das Schweigen eine wichtige Form der Rede ist.

Sein Name hat zu keiner Zeit einen modischen Klang gehabt. In der Tagespresse hat er nur selten geschrieben und wurde in ihr nur selten und kurz erwähnt. So ist kaum einer von seinen Mitarbeitern ursprünglich zu ihm persönlich gekommen. Fast alle waren gerade in Berlin und wollten zur Psychiatrie und Neurologie. Er verkörperte gleichsam die Sache. Sein Vortrag hatte nichts rethorisch gewinnendes. Aber wer mitschrieb, hatte einen vollendeten Text. Nur selten wurden von Bonhoeffer bestimmte Arbeitsthemen nahegelegt, wohl niemals Anweisungen für Arbeiten ausgegeben. Was unter seinen Mitarbeitern an der Klinik an wissenschaftlichen Ideen und Plänen sich regte, hatte zunächst vor seiner Kritik zu bestehen. Bonhoeffer mochte alles „Gemachte" nicht, was nicht selbst aus sich heraus wuchs. Er übte in diesem äußerlichen, oberflächlichen Sinn keinen Einfluß auf seine Umgebung weder in der Klinik, noch zu Hause im Leben der großen Familie. Keines von seinen zahlreichen Kindern, Schwiegerkindern und Enkeln, von denen manche auf anderen Gebieten Hervorragendes geleistet haben, ist bisher Mediziner geworden. Auch darin offenbart sich Bonhoeffers Achtung vor Menschen und Dingen in ihrem eigenen, eigentlichen Wesen und Wert. Es zeigt sich darin aber auch die Distanz, in der Menschen seiner Art, Menschen von besonderem Rang zu ihrer Umgebung stehen und stehen müssen. Wir haben diese stete Distanz empfunden und respektiert. Er war für alle „der Geheimrat" und wurde in der dritten Person angeredet. Es war dies keine leere Form.

[Ergänzung des Verfassers: Es sind 20 Jahre her, seit diese Sätze geschrieben wurden. Heute wird die Institution der Ordinariate von jungen Zeitgenossen kritisiert. Sie wird vom Geist und Stil der werdenden Zeit wahrscheinlich zum Schwinden gebracht. Die Ordinarien waren eben „Monarchen". Es gab gute und schlechte Monarchen. Aber auch gute passen nicht mehr in die neue Zeit. Nicht immer waren die Nachfolger der Monarchen, was die Revolutionäre von ihnen erhofft hatten. Die Geschichte braucht sich aber nicht immer zu wiederholen.]

Die letzten Jahre seines Lebens wurden gezeichnet durch die Auseinandersetzung mit den unheilvollen politischen Kräften, die entfesselt alle Bereiche des Lebens ergriffen und Deutschland schließlich ins Unglück gestürzt haben. Bonhoeffer zog sich nicht in die Neutralität einer objektiven Wissenschaft zurück. Er war ergriffen von den Geschehnissen, vorsichtig in seinem Urteil, aber klar in seiner Entscheidung. Wohl sah er das oft Verwirrende der Entwicklung, wie Böses und Gutes raffiniert gemischt wurden. Sein Sohn Dietrich hat das die Maskerade des Bösen genannt. Aber daß er den überheblichen Lärm, die hohlen Phrasen, die geistige Enge und Heftigkeit, die Verlogenheit, die bedenkenlose Verführung der Jugend und gar die unmenschliche Grausamkeit verabscheute und darunter litt, daß sie sich im Namen Deutschlands hemmungslos zeigen und verwirklichen durften, stand nie in Frage. Für ihn, mit seinem Sinn für das Wesen der Menschen und Dinge gab es keine inneren Kompromisse und keine Blendung durch äußere Erfolge. Das Unglück, das allmählich, aber sicher heranzog, sah er nicht auf Grund irgendwelcher äußerer Berechnungen voraus, sondern aus der Erkenntnis der Verderblichkeit der Sache.

Im Jahre 1937 wurde Bonhoeffer emeritiert. Im Jahre 1943 feierte er im Kreise der ganzen Familie den 75. Geburtstag. Damals hielt sein Sohn Klaus im Namen der Kinder die Rede auf den Vater und dankte ihm dafür, daß er sie gelehrt und dazu erzogen habe, nach der Wahrheit zu suchen und nach dieser Erkenntnis zu handeln. Wenige

Tage nach diesem Geburtstag brach das Schicksal über die Familie herein. Verhaftungen, Ängste, Sorgen und Leiden, viele Kränkungen durch die Diener der Tyrannei mußten ertragen werden. Als der große Zusammenbruch kam, begannen die Tage der schwersten und härtesten Prüfung, die Tage der bangen Hoffnung, ob einer von den 2 Söhnen und 2 Schwiegersöhnen zu den Eltern, zur Familie, zu den Kindern zurückkomme. Und alle diese Hoffnungen wurden enttäuscht. Keiner kam zurück. Bonhoeffer und seine Frau haben das Schicksal jener Wochen still und edel getragen, in tiefster Trauer, aber ohne Verzweiflung, in innigster Verbundenheit mit den unglücklichen Kindern, aber ohne Zeichen von Schwäche, freimütig und ohne Verbitterung, immer bereit, anderen zu helfen, wo es not tat.

In den folgenden letzten 3 Jahren seines Lebens bis zu seiner Erkrankung, die ihm in wenigen Tagen einen leichten Tod brachte, blieb Bonhoeffer von stets unveränderter geistiger Klarheit. Bis in die allerletzten Tage war er ärztlich tätig, vor allem durch regelmäßige Visiten in den Wittenauer Heilstätten und in den Kuranstalten Westend. Zwei wissenschaftliche Arbeiten, die beide in dieser Zeitschrift[1] erschienen sind, stammen aus diesen Jahren.

Man könnte das Leben Bonhoeffers so sehen, als ob nach Jahren des Aufstiegs, der Entfaltung und des Glücks Jahre des Sturzes, der Zerstörung und des Unglücks gefolgt seien. Das wäre äußerlich und es wäre im Grunde falsch. Gewiß war sein Schicksal unendlich schwer, aber es war sein Schicksal, ihm beschieden. Er ist ihm nicht ausgewichen, hat es auf sich genommen und getragen. Auch darüber wurde wenig gesprochen. Das Wenige aber zeugte von innerer Entschiedenheit und Festigkeit, zuweilen auch von berechtigter Genugtuung darüber, daß er mit seiner Familie zu denen gehört hatte, die in dunkelsten Zeiten unserer Geschichte für die Ehre des deutschen Namens Opfer gebracht haben. Der Wahrheit gemäß hieß es in der Todesanzeige, daß er aus einem trotz schweren Leides glücklichen Leben in die Ewigkeit abberufen worden ist.

---

[1] Der Nervenarzt. Springer-Verlag 1948.

Lebenserinnerungen von Karl Bonhoeffer
Geschrieben für die Familie

Die Vorfahren

Der Großvater Sophonias Franz Bonhoeffer, am 29. Mai 1797 geboren, ist der letzte
Bonhoeffer, der in Schwäbisch-Hall geboren ist, wo die Familie seit 1513 ansässig war.
In diesem Jahr erwarb ein Goldschmied, Caspar von Bonhoffen, das Bürgerrecht in
Schwäbisch-Hall. Er war aus Nymwegen zugezogen, wo sich die Familie van den Boen-
hoff bis 1403 zurückverfolgen läßt (siehe genealogisches Handbuch Bürgerlicher Fami-
lien, V. Band, 1897). In und an der Haller Michaelskirche befinden sich zahlreiche
Bonhoeffer'sche Grabdenkmäler und Bilder von Geistlichen und bürgerlichen Würden-
trägern der freien Reichsstadt. Ursprünglich Goldschmiede, sind sie im 17. Jahrhundert
in akademischen, juristischen, theologischen und medizinischen Berufen zu finden.
Vater und Großvater meines Großvaters waren Ärzte in Schwäbisch-Hall, der Großvater selbst Pfarrer in Oberstetten, Neckarweihingen und Wildentierbach, und zuletzt
Pensionär in Hall. Da er 1872 gestorben ist, als ich vier Jahre alt war, beschränkt sich
meine eigene Erinnerung auf das mir vorschwebende einmalige Bild eines großen alten
Mannes mit einem Käppchen auf dem Kopf, der auf einem Tritt an dem auf den Kocher
hinausgehenden Fenster saß und mir einen Hustenbonbon gab. Die geringe Bereitschaft
meines Vaters, von sich und seinen Erinnerungen zu sprechen, bringt es mit sich, daß
ich kein sehr anschauliches Bild von dem Großvater bekommen habe. Er studierte in
Tübingen, gehörte der Landsmannschaft der „Hohenloher" an (später Korps Franko-
nia), soll ein ganz lebensfroher Pfarrer gewesen sein, der selbst kutschierend durchs
Land fuhr. Ein silberner Kelch, den ihm Gemeindeglieder bei seinem Weggang von
Neckarweihingen 1845 schenkten, der noch heute in unserem Besitz ist, zeigt, daß er
in seiner Gemeinde beliebt war.
Politisch war er Preußen abgeneigt, das soll gelegentlich zum Zwist mit dem ältesten
Sohn, meinem Vater, geführt haben. Als die Preußen 1866 nach Tauberbischofsheim
im Pfarrhaus in Wildentierbach Quartier nahmen, soll die Überraschung groß gewesen
sein, daß diese, von denen allerhand wilde Dinge erzählt worden waren, Offiziere wie
Mannschaften, sich mit ausgesuchter Korrektheit und Höflichkeit benahmen. Seitdem
soll die Stimmung im Hause gegen die Preußen gemildert gewesen sein.

Die Großmutter Luise, Tochter des Archidiakonus Haspel in Hall, 1800 geboren, entstammt einer Haller Theologenfamilie. Ein Stich ihres Großvaters ist in meinem Besitz. Sie war die zweite Frau des Großvaters, die Schwester seiner verstorbenen ersten Frau. Sie ist kurz nach der Verheiratung meiner Eltern, 1863, gestorben. Sie wird als gutherzige, fürsorgliche Pfarrfrau geschildert, die gern half, wo sie konnte. Meine Mutter, die noch als Braut in Wildentierbach war, erzählte von ihrem freundlichen Wesen, mit dem sie sie als Tochter aufnahm, während sie sich bei ihren künftigen Schwägerinnen nicht so sehr willkommen glaubte. Wieweit das bei den beiden Tanten Sophie und Emma Bonhoeffer, die wohl einen ausgesprochenen hällischen Patrizierstolz hatten, wirklich der Fall war, ist nachträglich nicht festzustellen. Tatsächlich ging die Pflege der verwandtschaftlichen Beziehungen in unserer Familie, wie das wohl in den meisten Familien der Fall ist, mehr nach der Mutterseite hin, so daß wir die Haller Tanten sehr viel seltener sahen als die Tafel'sche Verwandtschaft. Wenn wir in Hall zu Besuch waren, wohnten wir dort in dem kinderreichen und musikfreudigen Hause des ältesten Bruders der Mutter, des Rechtsanwaltes Theodor Tafel, und besuchten die Bonhoeffer'schen Tanten in der kleinen, hübsch über dem Kocher gelegenen Wohnung, die mir durch den Geruch des zu ebener Erde wohnenden Seifensieders Holch auch heute noch gelegentlich lebhaft in die Erinnerung tritt. Die beiden Tanten hatten nach dem Tode des Großvaters die beiden Knaben ihrer verstorbenen Schwester Seefried mit recht beschränkten Mitteln zu tüchtigen Menschen im Lehr- und Notarberuf herangezogen.

Obwohl ich nie für längere Zeit in Schwäbisch-Hall war, habe ich doch immer ein starkes Heimatsgefühl für das mittelalterliche Städtchen gehabt. Das mag stammesgeschichtlich bedingt sein, vor allem aber damit zusammenhängen, daß auch mein Vater den Stolz auf die alte reichsstädtische Patrizierfamilie sich erhalten hatte und in uns Jungen zu erhalten wünschte, wenn er uns die alten Bonhoeffer'schen Häuser mit dem Wappen über den Eingängen in Hall und auf der Limpurg, die berühmte Schwarzeichentreppe in dem Bonhoeffer'schen Hause in der Herrengasse, die Grabmäler und das Bild der „schönen Bonhoefferin" in der Kirche zeigte. Auch manches hübsche alte Schmuckstück — so eine alte, mit Brillanten und kleinen Perlen gefaßte Damentaschenuhr — ist mir aus dieser Zeit hällischer Patrizierwohlhabenheit erinnerlich. Auch gab es da allerhand besonderes Backwerk „Haller Prienten" und anderes mit Gewürzen, die mir seitdem nicht wieder begegnet sind. Das hallische Bürgerrecht, das mein Vater noch hatte und auch mein Bruder sich noch rechtzeitig erworben hatte, habe ich versäumt für mich zu erwerben. Ein Versuch, es später nachzuholen, war vergeblich, da sich die

Voraussetzung, Grundbesitz in Hall zu erwerben, nicht verwirklichen ließ. So ist die durch vier Jahrhunderte gehende Familientradition der Zugehörigkeit zu Schwäbisch-Hall verloren gegangen. Solche retrospektiven Gedanken pflegen der Jugend, die dem eigenen Leben und der Zukunft zugewandt ist, fernzuliegen. Heute tut es mir leid, den Zeitpunkt versäumt zu haben. Es würde mir und meinen Kindern Spaß gemacht haben, das mehr historisch als wirtschaftlich bemerkenswerte Recht auf die Zuwendung jährlicher Siedersgelder zu besitzen. Diese betrugen, soweit ich mich erinnere, bei meinem Vater jährlich noch etwa einen Taler. Auch das wichtigere — ob heute noch bestehend, allerdings fragliche — Anrecht auf ein Honoratiorenfreibett im Siechenhaus ging damit verloren.

Mein Vater, Friedrich Ernst Philipp Tobias, ist am 16. Juli 1828 in Oberstetten (Hohenlohe) geboren, wo sein Vater Pfarrer war. Über seine Kindheit hat sich wenig Mitteilsames erhalten. Nach der Versetzung seines Vaters nach Neckarweihingen hat er die Schule in Ludwigsburg besucht. Sommers und winters machte er den einstündigen Schulweg zu Fuß hin und zurück. Er erzählte, daß ihm dabei im Winter die Ohren gelegentlich so hart gefroren waren, daß sie bei Beklopfen wie Glas klirrten. Nach seinen Berichten ist er in der Schule immer der erste gewesen. Ob das wirklich immer so ohne Ausnahme der Fall gewesen ist oder ob ein pädagogisches Element zur Aneiferung meines und meines Bruders Fleißes bei dieser Darstellung wirksam war, kann dahingestellt bleiben. Jedenfalls bekamen wir es zu hören, wenn unsere Schulzeugnisse zu wünschen übrig ließen. Sicher war er ein guter Schüler, die Eltern und die Schwestern setzten große Hoffnungen auf ihn. Er kam 1846 auf die Hochschule nach Tübingen, studierte Jura, war bei dem Korps „Guestphalia". Er war groß, schlank, ein guter Fechter und Tänzer. An der 48er-Bewegung scheint er entsprechend dem konservativen Verhalten der Korpsstudenten nicht, jedenfalls nicht in revolutionärem Sinne, beteiligt gewesen zu sein. 1851 ist er Referendar in Öhringen. Dort hat er wohl seine spätere Frau als junges neunjähriges Kind gesehen, die er dann zwölf Jahre später als Aktuar in Neresheim geheiratet hat. Die Beförderungsverhältnisse in der richterlichen Laufbahn waren damals in den 60er-Jahren in Württemberg sehr schlecht. Ich erinnere mich, daß unsere Mutter darüber klagte, daß die jungen Juristen nach ihrem zweiten Examen noch jahrelang auf eine definitive Anstellung warten mußten, und so kam es, daß mein Vater, als er sich im Alter von 32 Jahren mit der 18jährigen verlobte, doch noch drei Jahre warten mußte, bis er auf Grund seiner definitiven Anstellung heiraten konnte. In Neresheim blieb er bis 1869. Im Jahre 1864 wurde der älteste Sohn Otto geboren, ein zweiter im Jahre 1867 geborener Knabe starb nach 8 Wochen. Als dritter folgte ich am 31. März 1868. Von Neresheim wurde mein Vater im Jahre 1869 als Landrichter nach Heilbronn versetzt. Seine Laufbahn war die der höheren Richter, von Heilbronn über Ravensburg, Tübingen kam er als Oberlandesgerichtsrat nach Stuttgart, von dort als Landgerichtspräsident nach Ravensburg und zuletzt nach Ulm, wo er mit 70 Jahren im Jahre 1898 abging.

Nach der Darstellung der Mutter war er in Sachen seiner äußeren Laufbahn phlegmatisch oder zu bescheiden, d. h. er machte, wie sie meinte, von dem üblichen Brauch, sich um Beförderung zu melden, immer erst dann Gebrauch, wenn die Anciennitätsliste keinen Zweifel ließ, daß er nun an der Reihe sei. Er galt für einen guten praktischen Juristen, hat wissenschaftlich meines Wissens kaum etwas veröffentlicht. Er war Mitglied des Disziplinarhofes und der Kommission für das zweite juristische Examen. Er war immer in Zivilsachen tätig und schätzte es gar nicht, wenn er gelegentlich genötigt war, als Präsident in Schwurgerichtssachen den Vorsitz zu führen. Er sah etwas abschätzig auf die Tätigkeit des Strafrichters herab. Eine übermäßige Wertschätzung der juristischen Rechtsprechung hatte er nicht. Zu den wenigen Lebensratschlägen, die er gab, gehörte der, sich vor dem Prozessieren zu hüten, da der Ausgang eines Prozesses immer zweifelhaft sei. Im Zivilprozeß hielt er es für eine wichtige richterliche Aufgabe, die Parteien, wo es die Billigkeit erforderlich erscheinen ließ, zum Vergleich zu bestimmen, für wichtiger, als eine subtile, aber zweifelhafte Entscheidung zu fällen. In der Familie sprach er kaum je von seinem Fach. Es kam auch wohl nie ein Wunsch zur Aussprache, daß einer von uns Söhnen Jurist werden sollte. Daß er an seinem Fach innerlich interessiert war, nehme ich aber doch an, wenn ich an die Spaziergänge zurückdenke, die er mit dem einen oder anderen Kollegen machte und zu denen ich manchmal mitgenommen wurde. Diese waren für mich langweilig, weil die Unterhaltung ausschließlich um juristische Dinge ging. Schöner waren die Spaziergänge, die wir mit den Eltern allein machten, wo das Interesse der Natur galt. Allerdings wurden da gelegentlich Marschleistungen verlangt, die recht anstrengend waren. Ich erinnere mich an einen Marsch von Öhringen nach Heilbronn als etwa 5jähriger von mindestens 5stündiger Dauer. Ich bekam dabei sehr heftige Schmerzen an der Außenseite des rechten Oberschenkels. Ich nehme an, daß die Bernhardt'sche Sensibilitätsstörung, eine durch Druck auf einen Nerven entstehende, harmlose Empfindungsstörung, die ich an dieser Stelle noch heute habe, sich damals entwickelt hat. Auf den Spaziergängen lernten wir vom Vater Bäume, Getreidearten und Blumen kennen. Daß ich seinerzeit im Physikum in der Botanik eine „Eins" bekam, war im wesentlichen das Verdienst meines Vaters. Ihm kamen die botanischen Kenntnisse wohl aus seiner Liebe zur Natur, vor allem zur

Pflanzenwelt. Es kam bei ihm kaum vor, daß er von einem Spaziergang ohne Blumen zurückkam. Je später im Jahre es wurde, umso größer war sein Ehrgeiz, noch einen Strauß mit nach Hause zu bringen. Er hatte uns im Garten im Okulieren der Rosen und im Pfropfen der Bäume unterwiesen. Geranien, Mimosen, Oleander und ein großes Aputilon hatte er in seinem Zimmer und im Frühjahr wurde in hohlen Baumstämmen Blumenerde geholt.

Im ganzen war er nicht sehr mitteilsam. Er liebte es allein Spaziergänge zu machen, und war ein fanatischer Fußgänger; 8- bis 10stündige Tagesmärsche waren, wenn er Zeit hatte, nichts Seltenes, wobei ihm ein Stück Brot in der Tasche — Butter aß er nicht — und unterwegs 1—2 Glas Bier eine ausreichende Ernährung erschienen. Ich weiß, daß wir uns als Kinder mit der Mutter manches Mal ängstigten, wenn er von seinen Parforcetouren erst spät in der Nacht zurückkam. Besonderen Spaß machte es ihm, wenn er bei gemeinsamen Ausflügen mit anderen Familien den Heimweg zu Fuß machte und mittels seines Eilmarsches die mit allerhand Aufenthalten in der Bahn nach Hause Fahrenden zu deren Erstaunen auf dem Bahnhof begrüßte. Bei seinen häufigen Gängen in die Alb von Tübingen aus liebte er es vor allem, den Roßberg zu besuchen. Da hatte er die Gepflogenheit, an bestimmten, ihm geeignet erscheinenden Stellen des Berges Rettichsamen zu stecken, um dann bei späteren Märschen zu seinem Brot einen Rettich zu haben. Ob sich diese Methode immer bewährt hat, weiß ich nicht mehr. Nachdem die Forstakademie nach Tübingen verpflanzt war, pflegte er gerne den Verkehr mit den Professoren dieser Fakultät. Jagdinteressen hatte er nicht.

Seine Arbeitsweise war ungewöhnlich. Ich habe ihn kaum je an einem Tisch sitzend arbeiten oder schreiben gesehen. Er schrieb am Stehpult und liebte es, bei der Arbeit auf und ab zu gehen oder auf dem Sofa zu liegen. Man sah ihn überhaupt — außer bei Tisch, beim Glase Bier oder beim Spiel — selten sitzen. Die Unterhaltung erfolgte meist ambulando. Selbst bei Besuchen im fremden Haus hatte er, jedenfalls in späteren Jahren, die Neigung, aufzustehen und das Gespräch im Gehen fortzusetzen.

Die Erziehung im einzelnen überließ er der Mutter. Dabei spielte wohl das Gefühl eine Rolle, daß er zu ungeduldig war, leicht aufbrauste und sich in die kindliche Seele weniger einfühlte als die Mutter. Für die Schularbeit interessierte er sich insofern, als das Wochenzeugnis eingesehen und der Ausfall des Schulzeugnisses im ganzen ernstgenommen wurde. Gute Zeugnisse erfuhren kaum besonderes Lob, schlechte führten zu einer mehrtägigen, uns bedrückenden Verstimmung. Die „Lokation" im ersten Drittel wurde als selbstverständlich verlangt. Sitzenbleiben wäre als Familienschande angesehen worden.

Der Vater war ein ziemlich regelmäßiger Kirchgänger. Im ganzen hatte ich den Eindruck, daß der Kirchbesuch ihn nicht fröhlich stimmte, sondern eher bedrückend auf ihn wirkte. Wenn er uns Söhne auch in späteren Jahren nicht zum Kirchenbesuch nötigte, so hielt er doch während der Schuljahre vor der Konfirmation darauf, daß wir sonntäglich zur Kirche gingen. Karfreitag war ein düsterer Tag. Bei dem Nachmittagsspaziergang, der dabei üblich war, etwa in einem Wirtshaus auf dem Lande einzukehren, wäre ganz unmöglich gewesen und blasphemisch erschienen. Was ihn an der schwäbischen Demokratie in der Politik abstieß, war, wie ich glaube, zu einem wesentlichen Teil deren laxe oder ablehnende Stellungnahme zur Kirche.

Politisch hat er sich frühzeitig vom schwäbischen Lokalpatriotismus freigemacht. Mit der zahlreichen Tafel'schen Demokratenverwandtschaft sympathisierte er im ganzen wenig. Im Grunde freute er sich aber an dem angeregten weiblichen Teil der Familie und hatte ein freundschaftlich-neckendes Verhältnis zur Frau von Robert Tafel, Bille, Tochter des demokratischen Abgeordneten und Beobachter-Redakteurs und Enkelin des Dichters Karl Mayer, und zu Helene Tafel, der Tochter von Gottlob Tafel, des Abgeordneten zur Nationalversammlung im Jahre 1848 in Frankfurt.

Er sah frühzeitig den kommenden Anschluß an Preußen und war stolz darauf, schon im Jahre 1862 eine Wette gemacht zu haben, daß Straßburg in 10 Jahren deutsch sein würde. Das Ergebnis dieser Wette, ein Bild des Straßburger Münsters, hing lange Jahre im Zimmer meines Vaters. Selbst sich öffentlich politisch zu betätigen, lag ihm fern, wie überhaupt öffentliches Auftreten, Sprechen bei offiziellen Gelegenheiten ihm äußerst unangenehm war, ihn tagelang vorher beunruhigte, während er im kleinen Kreise der Kollegen, wie mir von solchen mitgeteilt wurde, bei Begrüßungen, Verabschiedungen oder ähnlichen Gelegenheiten, wo es sich nicht um eine offizielle Phraseologie handelte, natürlich und warmherzig zu sprechen wußte.

Gesundheitlich hat ihm nie etwas Ernstliches gefehlt. Er hatte aber doch eine gewisse Neigung zu hypochondrischen Klagen. Vor allem waren es unbestimmte Kopfbeschwerden, die keinen migränösen Charakter hatten, sondern, wie ich nachträglich glaube, reaktiver Natur und jedenfalls vielfach durch irgendwelche bevorstehenden beruflichen Aufgaben bedingt waren. Sie schwanden, wenn die Sache wunschgemäß erledigt war. Die Mutter erzählte, daß er als junger Mensch durch eine törichte Äußerung eines Arztes beunruhigt worden sei, der ihm auf seine Klagen über Kopfschmerzen gesagt habe, daß das der Beginn der Gehirnerweichung sei.

Im Grunde war er eine behagliche Natur, hatte ein gutes Verhältnis zu seinen Kollegen, als Präsident schätzte er es, abendlich mit seinen Kollegen, auch den jüngeren, sich beim

Dämmerschoppen zu treffen. Nach dem Abendessen blieb er in der Familie und liebte es, ein Spiel zu machen. Tapp, Tarock und Whist waren die bevorzugten Spiele. Die Ruhestandsjahre in Tübingen von 1898 bis 1907 verflossen für ihn beschaulich im Verkehr mit alten Freunden aus dem ersten Tübinger Aufenthalt und mit dem im benachbarten Kirchentellinsfurt tätigen Schwager, Pfarrer Meyding, der mit seiner jüngsten Schwester Rosa verheiratet war. Besuche bei den Elberfelder und den Breslauer Kindern, gemeinsamer Ferienaufenthalt mit den ersteren im Schwarzwald, mit den Breslauern in Westerland und Besuche bei uns während des Heidelberger Semesters waren der wesentliche Inhalt der letzten Lebensjahre. Im Birkenwäldchen in Breslau beging er die letzten gemeinsamen Weihnachten mit uns im Jahre 1905. Bei Besuchen im Sommer 1906 ging er nicht mehr wie sonst meist bei Spaziergängen einige Schritte vor uns her, sondern hatte die Neigung, sich öfter zu setzen. Unter allmählichem Kräfterückgang setzten cerebral arteriosklerotische Erscheinungen gegen Ende des Jahres ein. Er starb an einer Bronchopneumonie am 11. Januar 1907 in seinem 79. Lebensjahr.

Über den Großvater Tafel, der am 27. Mai 1798 in Sulzbach am Kocher geboren ist, kann ich aus eigenem Erinnern nichts berichten. Er ist 1856 gestorben. Christian Friedrich August war der zweitälteste von vier Brüdern. Der Vater war Pfarrer. Der Großvater kam mit 7 Jahren in das Gymnasium nach Stuttgart, verließ dies mit 14 Jahren und trat in die Schreibstube des Bürgermeisters in Leonberg ein, machte die Substitutenprüfung mit 17 Jahren und konnte sich ein Jahr, nachdem sein Vater im Jahre 1814 gestorben war, selbst ernähren. Neben der Verwaltung der Amtsschreiberei in Dürrmenz bereitete er sich selbständig auf die Hochschule vor und bezog diese in Tübingen im Jahre 1818, dem Todesjahr seiner Mutter. Er studierte in Tübingen, in Göttingen und Jena. Hier promovierte er in Philosophie und Jurisprudenz. Aus einigen erhaltenen Briefen aus Jena in den Jahren 1821 und 1822 an seinen Freund Eduard Kausler ergibt sich, daß er stark in den freiheitlichen und großdeutschen Gedanken der Burschenschaftsbewegung lebte und tätig war, auch in Jena, kurz vor seiner Promotion, Gefahr lief, konsiliiert zu werden, daß er sich mit dem Gedanken trug, in die diplomatische Laufbahn zu gehen und außerhalb Württembergs, vielleicht auch im Ausland, seine Zukunft zu suchen. Er interessierte sich für das Freimaurertum und berichtet im Juni 1822 von seiner Meldung bei dem Meister vom Stuhl in Weimar, dem Innenminister von Fritsch. Er hofft, im Laufe der letzten Monate aufgenommen zu werden und will sich vorher noch erkundigen, ob das unter dem früheren König von Württemberg bestehende Verbot der Freimaurerei noch fortbestehe. Spätere Briefe zeigen eine starke

Beschäftigung mit den politischen Vorgängen im Jahre 1848/49. Er schreibt an seine Frau von seinen Besorgnissen um die Beteiligung seines Neffen am badischen Aufstand. In einem Briefe an die Frau heißt es: „Also die Weinsberger haben mich hinter Schloß und Riegel geglaubt; das wäre freilich ein Fressen für die Weinsberger Reaktionäre, für meine zahlreichen Freunde dort."

Großvater T. war offenbar Frühaufsteher. Die Briefe an die Frau sind gelegentlich 5 Uhr morgens datiert. In einem dieser Briefe vom Jahre 1851 schreibt er: „Bonhoefferle kommt nach Brackenheim, weil der Oberamtsrichter zum Schwurgericht muß." Es handelt sich bei dem „Bonhoefferle" um meinen Vater, der um diese Zeit Referendar in Öhringen war. Das „le" bezog sich wohl auf seine Jugend, denn körperlich war er ja groß und größer als der Großvater. In der Grabrede des Stadtpfarrers Fischer wird die Frische und Jugendlichkeit, die immer sprudelnde Lebenskraft gerühmt, sein Haus sei das gastfreundlichste in der Stadt gewesen; er habe kein Opfer für die Ausbildung der Kinder gescheut. In der Schilderung der Tochter Julie, meiner Mutter, in ihrem 89. Lebensjahr niedergeschrieben, wird er als lebhafter, liebenswürdiger Mann mit feinen Zügen, guten Farben, schon ergrautem Haar und strahlenden, dunklen Augen beschrieben. Ihre Mutter habe von ihm gesagt, wenn er in einen kleinen Kreis von Freunden gekommen sei, sei es heiter und hell geworden, als ob die Sonne aufginge. Im Hause sei ein lebhafter geselliger Verkehr gewesen, ein reges, geistiges Leben, Aufführungen, lebende Bilder und sehr starke politische und soziale Interessen im Sinne der burschenschaftlichen Freiheitsbewegung und der schwäbischen Demokratie habe den Kreis bewegt. Im Jahre 1848 und in den Jahren nachher habe man vielfach politischen Flüchtlingen und Familien politischer Gefangener beigestanden. Der Tod im Jahre 1856 erfolgte anscheinend an Bright'scher Nierenerkrankung.

Der Großvater und seine drei Brüder waren offenbar keine Durchschnittsmenschen. Jeder hatte seine besondere Note, gemeinsam war wohl allen ein idealistischer Zug mit unerschrockenem Eintreten für ihre Überzeugung. Früh verwaist, haben sie doch alle selbständig ihren Weg gemacht. Die beiden Juristen waren Burschenschaftler und energische schwäbische Demokraten, der jüngere, Gottlob, Landtagsabgeordneter und 1848 Mitglied des Deutschen Parlaments in Frankfurt, 1868 im Zollparlament. Gemeinsam mit dem Großvater Hase saß er Ende der 20er Jahre auf der Festung Asperg. Die beiden anderen, mit stark religiösen Interessen, nahmen auch nicht den normalen Entwicklungsgang der üblichen Pastoren- und Philologenlaufbahn. Beide wurden Svedenborgianer. Von dem einen, Immanuel, schreibt der Großvater im Jahre 1822, er habe seine Apologie des Svedenborg an den König von Württemberg geschickt; der König habe das Schreiben dem Konsistorium zum Bericht gegeben, ob ein Mensch seiner Art noch würdig sei, ein Mitglied der Württembergischen protestantischen Geistlichkeit zu bleiben. Das Konsistorium habe sich daraufhin dahin geäußert, der Verfasser sei als einer der brävsten, fleißigsten und geschicktesten Stipendisten bekannt, so daß man ihm etwa ein Jahr zur Besinnung geben könnte und den Druck der Svedenborgischen Schriften verbieten möge. Immanuel T. wurde später Professor und Oberbibliothekar in Tübingen und publizierte viel über Svedenborg. Der dritte Bruder, Leonhard, wurde Dr. phil. und Professor in Stuttgart. Er ging 1853 mit seiner ganzen Familie nach Amerika, nachdem die beiden ältesten Söhne, Gustav und Albert, und auch der Sohn Adolf des Großvaters schon 1849, wohl anschließend an die 48er Revolution, ausgewandert waren. Der amerikanische Zweig hat dort guten Boden gefunden und ist noch bis nach dem Weltkrieg in verwandtschaftlichen Beziehungen geblieben. Alle vier Brüder haben viele Kinder gehabt, keiner weniger als acht.

Die Großmutter Tafel, geborene Oswald, geb. am 12. Mai 1805, hat ganz früh die Eltern verloren und ist im Hause des Bruders ihrer Mutter, des Stadtpfarrers Hauber, aufgewachsen. Aus ihrem großelterlichen Hause hat sie französisches, wie es hieß, hugenottisches Blut. Sie heiratete 1840 unseren Großvater, der ein Jahr zuvor seine zweite Frau verloren hatte. Sie hatte die Aufgabe, fünf Kinder im Alter von 2 bis 12 Jahren zu erziehen. Dazu kamen nun noch drei Mädchen, von denen meine Mutter als zweite am 21. August 1842 geboren wurde. Nach dem Tode des Großvaters im Jahre 1856 hatte sie es nicht leicht, die Mittel zur Erziehung zu beschaffen. Sie nahm Ausländerinnen und ältere Damen in Pension, von denen mir aus meiner ersten Kindheit zwei ältliche freundliche Engländerinnen und eine schöne blonde Finnländerin Jenny Patius, die mir als 6jährigem Jungen großen Eindruck machte, in Erinnerung sind. Das Haus der Großmutter und der mit ihr zusammenlebenden Tante Emilie war für uns, meinen Bruder und mich, die selbstverständliche zweite Heimat. Der Gedanke, daß es doch eine Belastung des Haushalts war, neben den Pensionären noch uns Jungen zu versorgen, kam uns nie, vielleicht auch der die altschwäbische Gastlichkeit gewohnten Großmutter nicht. Ich sehe sie — sie war damals jenseits der 70 — als eine im ganzen stille Frau vor mir, die uns mehr mit ausdrucksvollen Augen als mit Befehlen dirigierte. Sie legte Wert auf gewaschene Hände, säuberliches Aussehen und anständige Manieren. Wir hatten großen Respekt vor ihr. Ich erinnere mich nicht, sie jemals unfreundlich gesehen zu haben. Sie hatte, wie ich sie in Erinnerung habe, niemals Launen, war im Grunde heiteren Temperaments, während die Tante Emilie noch viel mit sich, körperlichen Beschwerden und beruflicher Unbefriedigtheit — sie war Lehrerin am Olgastift — zu tun hatte. Uns Jungen war sie immer eine freundliche Tante, die Spaß verstand und von der wir das Gefühl hatten, daß sie uns nach den Eltern am nächsten stand. Der Geburtstag der Großmutter am 12. Mai ist mir aus der Tübinger Schulzeit in lebhafter Erinnerung. Wenn die Schule es erlaubte, zogen wir früh durch den Schönbuch bis Böblingen, pflückten unterwegs einen großen Maiglöckchenstrauß, frühstückten auf dem Schaichhof und waren mittags zum Geburtstagsmahl mit unserem Strauß in Stuttgart zur Stelle. Auch am 21. Dezember war das großmütterliche Haus der Sammelpunkt für die Weihnachtsfeier der Enkel, soweit sie in Stuttgart waren. Wir kamen von Tübingen oft dazu. Daß sich die Eltern gegen diese Vorwegnahme der Weihnachtsstimmung der Kinder nicht wehrten, ist mir nachträglich verwunderlich. Für uns Kinder war das Zusammensein mit den vielen Vettern und Basen unter dem Weihnachtsbaum ein besonderes Fest, das in meiner Erinnerung die eigene Weihnachtsfeier in unserem Hause etwas in den Schatten rückte, zumal sich daran meist auch allerhand festliche Tage in den Weihnachtsferien bei den Stuttgarter Verwandten mit sonntäglichem Gänsebraten, mit Sylvesterpunsch auf dem Hasenberg und als Schlußpunkt ein Neujahrsfrühstück mit Kaviar bei der lebhaften, geistig angeregten Tante Helene anschloß. Diese, die jüngste Tochter von Gottlob Tafel, war dem Stuttgarter Klüngel etwas entwachsen und lebte mit Vorliebe und später ganz in Florenz im Kreise der dortigen ausgewanderten anderen Schwaben, vor allem Edgar und Isolde Kurz. Wir hatten es gerne, wenn sie bei uns zu Besuch war, wenn ich auch manchmal fürchtete, daß die heftigen politischen Dispute, die zwischen ihren freigeistigen und radikal-demokratischen Ansichten und der das Reich und die Führung Preußens lebhaft bejahenden Stellungnahme unseres Vaters bestanden und in temperamentvoller Weise zur Aussprache kamen, zu einer ernsthaften Entzweiung führen könnten. Das hätte uns sehr geschmerzt, denn wir hatten die Tante mit ihrer liebenswürdigen Lebhaftigkeit, ihrem unbefangenen, uns Jungen schon ein bißchen ernst nehmenden Wesen, sehr gerne, wenn wir auch ihre schwarz-rot-goldene Gesinnung mehr im Glauben an die väterliche Autorität als aus eigenem Urteil mißbilligten. Tatsächlich war die Befürchtung unberechtigt. Kinder nehmen ja temperamentvolle Auseinandersetzungen Erwachsener erfahrungsgemäß meist tragischer als sie gemeint sind —, denn ich glaube, daß mein Vater diese Tante besonders geschätzt hat, ebenso wie deren Schwägerin, die humorvolle Bille Tafel, die Tochter Karl Mayers, des Beobachter-Redakteurs, so sehr ihm der ganze demokratische Umkreis des Gottlob Tafel'schen Hauses gegen die Gesinnung ging.

Als die Großmutter im 82. Lebensjahre im Sommer 1889 starb — es war eine Bronchopneumonie —, war ich die letzten Wochen um sie und hatte sie oft in der Nacht zu
versorgen. Es war meine erste eigentliche Krankenpflege als junger klinischer Mediziner nach bestandenem Physikum.

Die Mutter

Es ist für die Kinder, denen die Eltern in jeder Lebensphase alt erscheinen, schwer,
sich diese, wenn sie mit ihnen älter werden, als junge Menschen zu vergegenwärtigen.
Das spätere Bild beherrscht die Erinnerung. So habe ich kein anschaulich reproduzier-
bares Bild der Mutter aus ihren Jahren als jüngere Frau. Sie war dunkelhaarig, hatte
große schwarze Augen, war von mittlerer Größe, hatte ein lebhaftes Gesicht, eine
bewegliche Mimik und einen leichten Gang. Das sind aber Beobachtungen, die einer
späteren Zeit angehören. Das Kind sieht die Mutter und liebt sie im wesentlichen ganz
undifferenziert, gewissermaßen als Teil der eigenen Person, als Erfüllerin der kindlichen
Wünsche. Als gesonderte Persönlichkeit wird sie erst bei Situationen deutlich, wenn
sich der Wunscherfüllung Widerstände entgegenstellen. Als erste derartige Situation
ist mir erinnerlich, daß die Mutter, die damals etwa 30jährig gewesen sein kann, meinem unter Tränen geäußerten hartnäckigen Widerstand, in einem auffallenden, weiß
und rosa gestreiften Anzug auf ein Kinderfest zu gehen, nicht nachgab, und mich zwang,
den Anzug anzubehalten. Ähnliche Situationen kamen auch später noch vor, daß sie,
sei es aus gebotener Sparsamkeit, sei es, um die Kinder zur Unabhängigkeit von der
Meinung anderer zu erziehen, Anforderungen stellte, die im Augenblick schmerzhaft,
mitunter auch für längere Zeit bedrückend waren. Derartige Gelegenheiten waren es,
wenn ich in die im wesentlichen nur in der Länge gekürzten Hosen des um 4 Jahre
älteren Bruder gesteckt wurde oder als Einjähriger in den Waffenrock dieses Bruders,
der im Rücken ein ausgebessertes Loch hatte, das mir beim Sonntagsappell ein mitleidi-
ges Lächeln des Hauptmanns zuzog. In dieses Kapitel gehört es auch, daß wir an mehrtägigen Ausflügen der Schule oder der Kameraden niemals teilnahmen. Diese Dinge
gingen über den festgesetzten Etat, der in jenen Zeiten bei fehlendem eigenen Vermögen recht schmal begrenzt war. Haus- und Etatführung lagen ganz in der Hand
der Mutter. Sie ist im Gegensatz zum Vater, der die Dinge gern an sich herankommen
ließ, von einer ausgesprochenen Zielstrebigkeit gewesen. Diese war in den jungen Jahren in erster Linie darauf gerichtet, die Erziehung der Kinder auf einer guten geistigen

Ebene zu halten und sich nicht in kleinstädtischer Spießigkeit zu verlieren. Sie hat das mit großer Umsicht und Energie im Rahmen des Möglichen durchgeführt. Sie hat darauf gedrängt, was für unsere Entwicklung sehr wesentlich wurde, daß der Vater sich von Ravensburg nach Tübingen versetzen ließ, um für die Kinder bessere Ausbildungsmöglichkeiten zu bekommen und in einen geistig angeregten Kreis zu gelangen. Im ganzen hatten damals in Tübingen Professoren und Beamte verhältnismäßig wenig persönlichen Verkehr unter sich. Das lag zum Teil daran, daß die zum großen Teil norddeutschen Professorenfamilien ihre Geselligkeit in Abendgesellschaften pflegten, während die Schwaben eine abendliche Geselligkeit in diesem Sinne nicht kannten. Der Mann ging — wenn überhaupt — allein aus. Bei den Eltern war das anders. Es hatten sich bald freundschaftliche Beziehungen zu einer Anzahl von Familien, vor allem zu der des Anatomen Henke, des Chemikers Lothar Meyer, des Juristen Mandry und des Landwirtschaftlers Weber entwickelt, die bis ans Lebensende anhielten und sich auf die Kinder übertrugen. Ich erinnere mich außerdem zahlreicher winterlicher Abendgesellschaften, die von der Mutter in unbefangener Einfachheit gestaltet wurden, und an Maskenfeste, die in der „Sonntagsgesellschaft" einer Art Professorium, begangen wurden. Eines von diesen, bei dem die Mutter als Königin der Nacht auftrat, ist mir besonders eindrucksvoll geblieben. Geschätzt wurden von mir auch die Leseabende mit Frau Kommrell und deren Kindern Elle und Viktor, später Professor in Tübingen, vielleicht weniger um der klassischen Lektüre willen, als wegen der sympathischen, natürlichen und klugen Art dieser Menschen.

Der lebhaften Natur der Mutter genügte die Betätigung im Hause mit den zwei Söhnen, deren Erziehung in ihrem damaligen Alter von 12 bis 16 Jahren keine schwierigen Probleme bot und im ganzen von selbst lief, nicht. Alte Tafel'sche liberale Ideen ließen in ihr das Bedürfnis entstehen, in der damals lebhaft erörterten Frauenfrage sich praktisch zu betätigen, und führte sie in Tübingen mit Mathilde Weber, der Frau des Landwirtschaftsprofessors, zusammen. Diese betätigte sich auch literarisch frauenrechtlich, von den Professoren vielfach belächelt, während die Mutter, von Überspannung des Problems sich fernhaltend, vorwiegend mit praktisch organisatorischen Fragen und bei dem Bau eines Altersheims für Frauen sich betätigte. Später in Stuttgart setzte sie diese Tätigkeit fort, gründete eine Kochschule für junge Mädchen, für die ihr die Anerkennung des Olga-Ordens zuteil wurde.

Als die Frage der Berufswahl ihrer Söhe herankam, war ihre Stellungnahme nur insofern sehr bestimmt, als sie vom Beamten- und Offiziersberuf dringend abriet, vor allem, weil er, wenn kein Vermögen vorhanden, niemals zu freier Beweglichkeit gelangen lasse und ein lebenslängliches Abhängigkeitsverhältnis bedeute. Bei mir bestanden in dieser Beziehung keine Schwierigkeiten, da ich, nachdem der Gedanke, das Landexamen zu machen und damit späterhin in die theologische oder philologische Laufbahn einzumünden, durch meine ausgesprochene Abneigung, „jeden Sonntag allein zu reden" oder Lehrer zu werden, fallen gelassen war, von vornherein nach der Medizin tendierte. Anders lag es bei meinem Bruder, bei dem während seiner Einjährigenzeit in Tübingen eine bestimmte Neigung zum Offiziersberuf von seinen Vorgesetzten in ausgesprochener Weise gefördert wurde. Ich erinnere mich, daß es damals unsere Mutter in letzter Stunde war, die das „Kapitulieren", wie es damals genannt wurde, durch ihr Abraten verhinderte. Sie kannte das Selbständigkeitsbedürfnis ihres Sohnes und fürchtete die unsicheren Aussichten des Frontoffiziers in kleinen Garnisonen ohne militärische Verbindungen und ohne Vermögen. Sie hatte die Verhältnisse aus dem Verkehr mit den Offiziersfamilien in den kleinen Garnisonen Heilbronn, Ravensburg-Weingarten und Tübingen kennengelernt. Es ist mir nicht zweifelhaft, daß alle diese Dinge zwischen den Eltern vorher besprochen waren und daß es sich in wichtigen Dingen immer um die Kundgabe ihrer gemeinsamen Ansicht handelte. Aber der Vater scheute häufig die Aussprache, weil er bei Widerspruch einerseits leicht heftig wurde und andererseits bei seiner inneren Gutmütigkeit sich ungern in die Situation brachte, etwas abschlagen zu müssen. Die Mutter nahm das auf sich in der Erwartung, daß die Einsicht auf der Gegenseite sich schon einfinden werde, und weil sie überhaupt mit dem Interessenkreis der Kinder sich so identifizierte, daß es ihr unmöglich gewesen wäre, das, was sie dazu dachte, nicht zu sagen und soweit es an ihr lag zum Rechten zu führen. Wenn ich heute die vielen Hunderte von Briefen, die sie im Laufe der Jahrzehnte an uns geschrieben hat, durchblättere, so ist es rührend, zu sehen, wie sie an allem, was in der Familie geschah, Anteil nahm. Es war aber kein passives Miterleben es war stets ihr Bedürfnis, aktiv mitzuhelfen, sich durch Fragen in Briefen und Postkarten über alle Einzelheiten so zu orientieren, bis sie die Situation so verstand, daß sie aus ihr heraus einen Rat geben konnte. Sie hat dann immer ein gutes Urteil gezeigt, sachlich, auch wenn es ihren eigenen Wünschen entgegenlief, so, als es sich um eine Berufung nach Tübingen gehandelt hatte, wo sie uns gewiß hingewünscht hat. Aber sie legte auch Wert darauf, über alles unterrichtet zu werden, und mahnte nicht selten, sie habe schon lange nichts mehr gehört, wenn man selbst den Eindruck hatte, kurz zuvor geschrieben zu haben.

Die Mutter überlebte den Vater um 28 Jahre. Sie ist im 94. Lebensjahre gestorben und hat so meinen Bruder, der mit 68 Jahren starb, überlebt und den größten Teil meines eigenen Lebens, die Entwicklung unserer Kinder bis zu ihrer Selbständigkeit und das Heranwachsen der Urenkel miterlebt. Nach ihrem 80. Geburtstag, den wir in Tübingen auf dem Igelhaus am Schloßberg festlich begingen, ist sie zu uns nach Berlin als Hausgenossin gezogen, nicht als pflegebedürftige, gebrechliche alte Frau, sondern als aktive, an allem, was die Familie anging, lebhaft interessierte Beraterin. Es ist ihr vielleicht zu Anfang nicht immer ganz leicht geworden der eigenen Hausführung ganz zu entsagen und diese der Schwiegertochter zu überlassen. Daß das ohne Schwierigkeiten ging und nie zu einer Störung des harmonischen Zusammenlebens führte, ist ein Verdienst, das beiden Frauen anzurechnen ist. Bis zu ihrem Tode im Januar 1936 hat sie an allem, was die Familie, aber auch die Allgemeinheit betraf, regsten Anteil genommen. Sie hat uns noch, als wir im Sommer 1935 verreist waren, über alles Häusliche, besser fast als irgendeines der Kinder, auf dem Laufenden gehalten. In Berlin hat sie noch neue freundschaftliche Beziehungen in unserer Wangenheimstraße mit Frau Diehlmann und mit den alten Schöne's bekommen. Ihre alten Freundschaften in Württemberg hat sie bis an ihr Ende gepflegt. Ihr 90. Geburtstag, den wir in Friedrichsbrunn begingen, zeigte, wieviel Freundschaft und Anhänglichkeit sie von überall her begleitete. Eine besondere Freude war ihr damals ein Schreiben des Bürgermeisters von Öhringen, ihrem Geburtsort, und ein Glückwunschschreiben von Hindenburg. An Weihnachten hat sie keines der ihr Nahestehenden vergessen und noch für die letzte Weihnacht, als sie schon krank war, über 80 Pakete geschickt.

Kindheit

Von meiner Geburtstadt Neresheim bekam ich erst ein Bild, als ich bei meiner ersten ärztlichen Vertretung von Heidenheim aus dorthin kam. Meine Erinnerungen fangen in Heilbronn an, wohin mein Vater im Jahre 1869 ein Jahr nach meiner Geburt versetzt wurde. Ganz dunkel erinnere ich mich, daß mein Vater uns einmal bei einem Spaziergang auf der Landstraße das Ohr auf die Erde legen ließ, um ein fernes Geräusch von trabenden Pferden zu hören, und uns erklärte, daß das die Soldaten, die aus Frankreich nach Hause kämen, seien. Es dürfte also Sommer 1871 gewesen sein, als ich etwas über 3 Jahre alt war. Aus der ersten Wohnung in der Cäcilienstraße in Heilbronn ist mir ein Birnbaum mit großen gelben Birnen in einem Nebengarten erinnerlich, der Gegenstand meiner Sehnsucht war. Aus derselben Zeit stammen morgendliche Gänge in eine benachbarte Wohnung zu der alten Prälatin Stock, der ich den „Schwäbischen

Merkur" brachte und von der ich häufig mit einem Zimtstern belohnt wurde. Eine bittere Erinnerung sind die ersten Schulwochen mit den ersten Schreibversuchen, die sehr kläglich ausfielen. Lange Zeit machten die 8 und die 2 fast unübersteigliche Schwierigkeiten, ich war nur unter Tränen und mittels Zwetschgenkuchens zu bewegen, meine Schreibaufgaben zuhause zu machen und in die Schule zu gehen. Der Widerstand gab sich bald, aber die Note „sehr mittelmäßig" im Schönschreiben begleitete mich noch längere Zeit in meinen Zeugnissen. Erst viel später ist mir klar geworden — meinem Lehrer wohl überhaupt nicht —, daß die infolge meiner Linkshändigkeit mangelnde Übung der rechten Hand Ursache meiner anfänglichen Ungeschicklichkeit war. Ich war einer der Kleinsten in der Klasse, aber körperlich geschickt und ein guter Turner. Vor allem im Schnellauf, Hoch- und Weitsprung, während die Leistung der Arme nicht über dem Durchschnitt war. Fast stets war das einzige „sehr gut" in meinen Zeugnissen das im Turnen.

Ich erinnere mich, daß ich sehr stolz darauf war, einen großen, 4 Jahre älteren Bruder in derselben Schule zu haben, den ich manchmal, wenn ich im Kampf mit Kameraden in Not kam, mit der Drohung: „Ich sag's meinem Großen" als Helfer anrief und der mich auch tatsächlich aus mancher Notlage befreite. In die Heilbronner Jahre, die meine ersten Lebensjahre bis zum Jahre 1877 umfaßten, fiel der Tod meines im Jahre 1874 geborenen Bruders Walter an Kehlkopfdiphtherie. Es war der erste schwere Schmerz, der mich traf, und ich weiß noch, wie ich am Abend, als er gestorben war, in der sicheren Hoffnung zu Bett ging, daß ich ihn durch mein Abendgebet wieder zum Leben erwecken könnte und tief enttäuscht war, als ich ihn morgens noch auf dem Totenbett liegend antraf. An das Begräbnis selbst habe ich keine Erinnerung, wahrscheinlich wurde ich zuhause behalten.

Deutlich stehen mir noch die ersten Schwimmversuche im freien Neckar vor Augen. Auf der flachen Hand meines Vaters die Schwimmbewegungen übend oder auf seinem Rücken den Fluß querend. Endgültig lernte ich freischwimmen dadurch, daß mich ein älterer Mitschüler versehentlich in das tiefe Schwimmbassin stieß. Ich stellte dabei fest, daß ich hundelnd über Wasser blieb. Heilbronn ist mir eigentlich nur sommerlich warm oder herbstlich in Erinnerung mit Spaziergängen im Frühling nach dem Pfühlbrünnele, an dem ein Becher hing, in den eingraviert war: „Gestohlen am Pfühlbrünnele", im Herbst durch die Weinberge nach der Weinlese, wo man Nachlese nach stehengebliebenen Trauben hielt, auf dem Wartberg einkehrte oder auf die Weibertreu bei Weinsberg, wo wir zur Stille ermahnt, die alten Äolsharfen von Justinus Kerner hörten. Eindrucksvoll aus jener Zeit sind mir auch Ausflüge nach Neustadt an der

Linde, unter deren breit ausladenden Ästen der Markt sich abspielte und wo wir bei der dortigen Oberin des Frauenstifts, die uns sehr gestreng erschien, zu Gast waren. Von dort ging es meist nach Cleversulzbach, wo der Onkel Meyding Pfarrer war. Ich bilde mir ein, noch den klassischen Turmhahn Mörikes dort gesehen zu haben, bin aber doch nicht ganz sicher, ob nicht Erzählungen der Mutter über Mörike und seine Schwester mir den Turmhahn so anschaulich gemacht haben, daß ich ihn selbst gesehen zu haben glaube. Die ganzen Orte Neustadt an der Linde, Cleversulzbach, Weinsberg, Öhringen sind in meiner Erinnerung in einem warmen, etwas nebelhaften Glanze. Es mag sein, daß die weiche, freundliche Landschaft schon auf das Kind einen unbewußten Einfluß ausgeübt hat. Wahrscheinlich wirkten Erzählungen der Eltern mit. Die Zeiten von Justinus Kerner und Mörike lagen noch nicht allzufern und im Erlebnisbereich der Eltern. Ein kleines Tischchen, das bei der Großmutter aus der Öhringer Zeit stand, der „Henri quatre" genannt, gehört in diesen Erinnerungskreis. Von ihm wurde erzählt, daß unsere Tante Emilie mit ihm bei Justinus Kerner im Hause Tischrücken gespielt habe und daß er sich ihr gegenüber durch Klopfen als „Henri quatre" bezeichnet habe, und daß er allerhand mehr oder weniger Bemerkenswertes über seine Lebensgeschichte geäußert habe. Auch sonst war noch manches aus diesem mystischen Kreise lebendig. So wurde von der Schwester Mörike's, die im Stift in Neustadt lebte, meiner Mutter eine seltsame Geschichte erzählt, die sie uns wiedererzählte. Mörike sei auf dem Wege von Neustadt nach Cleversulzbach kurz vor seinem Pfarrdorf in der Dämmerung einer alten Frau begegnet, die eifrigst auf dem Felde Ähren sammelte. Da er sie nicht als eines seiner Pfarrkinder erkannte, habe er sie nach ihrem Namen gefragt, auch dieser sei ihm nicht bekannt gewesen. Als er im Weitergehen zurückschaute, sei sie plötzlich verschwunden gewesen. Als er zuhause in seinem Kirchenbuch den Namen der Frau suchte, habe er festgestellt, daß eine Frau dieses Namens vor 100 Jahren an diesem Tage auf jenem Felde vom Blitz erschlagen worden sei. Die Geschichte beeindruckte mich stark; sie paßt in den Rahmen der Gespenster- und Hexengeschichten, mit denen uns in jener Zeit ein törichtes Kindermädchen abends gruseln machte, ängstliche Träume verursachte und eine Zeitlang eine Scheu hervorrief, nachts im dunklen Zimmer zu schlafen. Nach dem Weggang dieses Mädchens verschwanden diese ängstlichen Regungen endgültig.

Ich kann mich nicht erinnern, daß ich in diesen ersten 2 Schuljahren eine besondere Freundschaft mit Mitschülern gehabt hätte. Dagegen war ich mit stärkstem Interesse bei Gemeinschaftsspielen, Barlauf, Ballschlagen usw. Die Persönlichkeit der Teilnehmer war mir nur insofern wichtig, ob sie mit Leidenschaft beim Spiel waren. Ein kurzdauernder Versuch der Mutter, mich im Klavierspiel zu unterrichten, fällt in diese Zeit. Er wurde bald aufgegeben; die Gründe sind mir nicht erinnerlich. Ich nehme an, daß es vorwiegend an meiner Unlust gelegen hat. Ich habe es später immer bedauert, daß ich mich dieser Möglichkeit, Mußestunden der Musik in den Alltag einzuschalten, beraubt habe, und daß meine Freude an der Musik auf einem primitiven Niveau betrieben und durch keine Ausbildung vertieft worden ist. Der Singunterricht in der Schule war nicht derart, daß er irgendeine Anregung gab. Die Singstunde war ähnlich wie das Zeichnen eine Stunde des Amüsements mit anderen Dingen; es klingt mir noch heute manchmal im Ohr das immer im Chor wiederholte: „Wir kommen, uns in Dir zu baden, Gesang, vor Dein kristallenes Haus", wobei mir damals immer eine Art Glasgewächshaus vorschwebte.

Als ich 9 Jahre alt war, erfolgte die Versetzung des Vaters nach Ravensburg in Oberschwaben, wo wir zwei Jahre in einem hübschen Garten am Rande der Stadt wohnten. Die Hälfte des Hauses war von einer Remise eingenommen, in der große Fässer mit Branntwein lagen, die dem Besitzer des Hauses, einem Weingroßhändler, gehörten. Es war uns verboten, an diese Fässer heranzugehen, es kam aber doch gelegentlich vor, daß wir an den aus dem Spundloch ausgesickerten kleinen Mengen kosteten. Ich habe nicht in Erinnerung, daß uns die Flüssigkeit so schmeckte, daß wir den Versuch häufig wiederholt hätten. Auch war mir von der Mutter gesagt worden, daß man nicht mehr wüchse, wenn man Schnaps trinke. Da ich klein war und großen Wert auf Größerwerden legte, hätte das schon genügt, mich vor häufiger Wiederholung der Kostproben zu hüten. Die Schule in Ravensburg war mir zunächst sehr unangenehm. Ich erinnere mich des ersten Schultags, als ich, vor der Klasse stehend, den Lehrer erwarten mußte, um einen Platz angewiesen zu bekommen. Ich kam mir unter den fremden neugierigen Jungen sehr verlassen vor. Der Lehrer war unfreundlich, die Gegensätze zwischen katholisch und evangelisch, die in der katholischen Stadt, wohl noch unter dem Einfluß des Kulturkampfes, ziemlich stark waren, waren auch in der Schule merkbar, deren Lehrer zum Teil Kaplane waren, von denen eigentlich nur einer, der an den oberen Klassen unterrichtete, beliebt war. Ich war entrüstet, nur auf Probe in die 2. Klasse aufgenommen zu werden, obwohl das Abgangszeugnis aus Heilbronn ganz gut war. Es wurde von vornherein angenommen, daß man im Unterland in der Ausbildung zurück sei. Es gelang mir aber dann doch, mit einer „Belobigung" in die 3. Klasse aufgenommen zu werden. Der dortige Lehrer, ein Kaplan, hatte rauhe Manieren. Er hatte die Gewohnheit, die am Rande der Bank Sitzenden in der Weise aufzurufen, daß er ihnen im Vorbeigehen mit dem Knie in die Seite stieß. Bei einer solchen Gelegenheit kam es vor, daß ein Junge von athletischem Bau sich das nicht gefallen ließ, auf den Lehrer losging und im Ringen mit ihm ihn auf den Boden warf. Er wurde dadurch der Heros der Klasse; die Strafe war, soweit ich mich erinnere, mild, einige Stunden Karzer, wohl im Hinblick auf die nicht als angemessen erachtete Aufrufetechnik des Lehrers. Dessen Abneigung gegen die wenigen Evangelischen war deutlich. Ich selbst zog mir ganz unbeabsichtigt seinen besonderen Groll zu, als ich in einem Aufsatz über einen Papst, dessen Namen mir nicht mehr gegenwärtig ist, anstatt von seinen Gläubigen von seinen Gläubigern schrieb, ein Unterschied, der mir damals noch nicht klar war.

All' das hinderte nicht, daß mir die Ravensburger Jahre in schöner Erinnerung stehen. Ich denke an die frühmorgendlichen Ausflüge zur Sommerszeit, die damit begannen, daß wir uns am Abend zuvor beim Zubettgehen einen Bindfaden um die große Zehe banden, ihn zum Fenster heraus zur Erde herabließen, an dem uns dann unsere früher aufgestandenen Freunde aus den Betten zogen. Wir zogen dann mit Gläsern und Botanisierbüchsen aus, um Erdbeeren oder Brombeeren in den kleinen Schluchten des Schussentals oder am Flattbachweier zu sammeln. Dabei ergaben sich dann meist auch allerhand andere Funde aufregender Art: die verführerisch aussehenden Tollkirschen, Einbeeren, schöngefärbte Bachkiesel, in denen man Edelsteine gefunden zu haben hoffte, die aber schmerzlicherweise, wenn sie an der Sonne getrocknet waren, schon ihren Glanz verloren hatten. Besonders eindrucksvoll steht in der Erinnerung das „Rutenfest", eine althergebrachte Erinnerungsfeier an eine überstandene Pest. Die ganze Schuljugend zog an diesem Tag in Reih und Glied und mit geschulterter Armbrust auf den Festplatz, wo Tische und Bänke aufgeschlagen waren, die Kinder nach Ansprache eines Lehrers mit Brot, einem Schübling (Rotwurst) und Bier regaliert wurden. Der Glanzpunkt des Festes war das Adlerschießen mit der Armbrust. Die einzelnen Stücke des Adlers, Kopf, Herz, Flügel, Krone, Zepter und Reichsapfel, waren numeriert und fielen, wenn der Pfeil sie traf, einzeln ab. Es gab schöne Preise je nach der Höhe der Nummer. Der erste Preis fiel dem Schützen, der den Reichsapfel getroffen hatte, zu. Dieser Schützenkönig hatte die Ehrenpflicht, die sämtlichen Schützen am Abend des Festes bei sich zu bewirten, eine Pflicht, die von manchen Eltern als recht unerwünschte Belastung empfunden wurde. So schoß man mit einer gewissen Besorgnis und zielte lieber auf Herz, Zepter oder Krone als auf den Apfel. Dem Feste gingen lange Schießübungen mit der Armbrust voran. Man sägte sich selbst die Adler mit den einzelnen Stücken mit der Laubsäge aus und lud sich seine Kameraden zum Probeschießen ein. Die Schnellkraft der Armbrust, deren Bogen aus 2 oder 3 federnden Stahlleisten bestand, war nicht gering, die Bolzen hatten eine Stahlspitze. Es ist mir aber nicht erinnerlich, daß jemals eine Verletzung bedenklicherer Art vorgekommen wäre. Die Wanderungen und Fahrten an den Bodensee, die vielen Schiffe im Hafen von Friedrichshafen, Herbstferien am See in Kreßbronn im Hause der Familie Kiderlen mit Baden, Bootfahren, vielem Obst und Haselnüssen waren herrliche Erlebnisse, die auch durch die vielen Schnaken keine ernsthafte Trübung erfuhren. Ein besonderes Stück mit langer Vorfreude war die erste Fahrt in die Alpen, die nach Schruns auf die Sessaplana und die Sulzfluh gehen sollte. Die nächtliche Wagenfahrt bei sternklarem Himmel über den schwarzen Bergen steht mir noch deutlich vor Augen. Das erste Nächtigen in einem Gasthaus, das morgendliche Frühstücken mit Honig und Butter war etwas ganz Neues. Ich kann auch nicht sagen, daß die Vereitelung jeder Bergbesteigung durch schlechtes Wetter mir die gehobene Stimmung verdorben hätte. Auch der infolge des Nebels mißglückte Versuch der Eltern, vom Bregenzer Pfänderhotel noch einen schönen Sonnenaufgang mit Fernblick über den See und den Säntis zu verschaffen, änderte nichts an der Stimmung. Der Gedanke, hoch oben inmitten der Wolken zu sein, war mir ausreichend interessant. Jedenfalls ist mir diese von den Eltern als verunglückt betrachtete Expedition in ungetrübt schöner Erinnerung geblieben, und ich habe erst in späteren Jahren, als ich die Scessa plana, die von Ravensburg leicht über Sonntag zu erreichen ist, mehrfach bestiegen habe, verstanden, was mir damals entgangen war.

In die Ravensburger Zeit fällt mein erstes Auftreten in einer Schüleraufführung im Stadttheater als Schildwache in Heyse's „Kolberg", wo mein Bruder, auf dessen Vortragsbegabung ich sehr stolz war, eine Hauptrolle zu spielen hatte. Mir fiel nur die Aufgabe zu, an geeigneter Stelle: „Ja, Jungfer" zu sagen. Das im richtigen Moment zu tun, gelang mir nicht ohne innere Erregung. Späterhin habe ich nur noch als Berliner Student einmal in der Oper als Edler von Brabant als Statist figuriert.

In Ravensburg habe ich mit Bewußtsein den ersten kalten Winter mit viel Schnee erlebt. Meine ersten Schlittschuhlaufversuche auf der glattgefrorenen Straße — eine Eisbahn gab es nicht — fallen in diese Zeit. Das Rodelschlittenfahren vom Mehlsack herunter über die holperigen Stufen bis zum Stadtgraben war ein besonderer, für das Sitzfleisch nicht unbedingt angenehmer Sport.

So schön die Jahre in Ravensburg durch die Nähe des Bodensees und der Berge waren, so ging doch bei den Eltern der Wunsch nach dem Altwürttembergischen, und der Vater nahm die Möglichkeit, sich nach Tübingen versetzen zu lassen, gerne wahr. Für mich begann der Übergang in das dortige Gymnasium damit, daß ich ½ Jahr Griechisch, das ich noch nicht gehabt hatte, nachholen mußte. Nach 6 Wochen war ich so weit, daß ich darin mit der Klasse Schritt halten konnte. Doch brachten mich die unregelmäßigen Verben in eine ähnliche Stimmung wie im ersten Schuljahr das Schönschreiben. Den Klassenlehrer, den wir hatten, liebten wir nicht, weil er oft mißlaunig war und auch prügelte. Umso interessanter war die Reaktion der Schüler, als gegen diesen Lehrer eine Strafanzeige wegen Mißhandlung von Seiten des Vaters eines Schülers anhängig gemacht wurde. Das Verhalten des Schülers, der die Anzeige veranlaßt hatte, wurde von den Mitschülern allgemein mißbilligt, und als auf Grund der für den Lehrer günstigen Aussagen der Schüler die Freisprechung erfolgte, gestaltete sich seine Rückkehr in die Klasse zu einer großen Blumenovation seitens der Schüler. Ob diese Solidaritätserklärung mit dem prügelnden Lehrer grundsätzliche Zustimmung zur Notwendigkeit des Züchtigungsrechtes in der Schule bedeutete oder eine captatio benevolentiae für die Zukunft war, möchte ich nicht entscheiden. Im ganzen standen wohl wir Schüler auf dem Standpunkt, daß ein paar Tatzen als Sühne für eine Missetat vor einigen Stunden Arrest durchaus den Vorzug verdienten. Verstiegene Vorstellungen von beleidigter Menschenwürde hatten wir in dieser Beziehung nicht. Der Vorfall brachte für die Klasse den Gewinn, daß der Lehrer unser Eintreten für ihn mit freundlicherer Behandlung dankte.

Der Einfluß der Universitätsstadt machte sich auch in der Schule in mancher Hinsicht bemerkbar. Man interessierte sich für die Mensuren der Studenten und sah sich diese, wenn man den Ort der Bestimmungsmensuren der schlagenden Korporationen in Erfahrung bringen konnte, mit großem Interesse an. Die ganze Atmosphäre war zumeist in einen starken Carbolgeruch getaucht. Tragikomisch wurde es, wenn die ganze Aktion plötzlich abgebrochen werden mußte, wenn die Polizei annonziert wurde und alles zusammen flüchtete. Auch im übrigen war natürlich das öffentliche Auftreten der Studenten und der einzelnen Korporationen bei ihren Stiftungsfestauffahrten, das Verhalten der Studenten untereinander, die feierlich-bedeutsame Form des gegenseitigen Grußwechsels unter den Korpsstudenten, ob der Scheitel durchgezogen wurde oder nicht usw. Gegenstand des Interesses der Quartaner und Tertianer. Als unerfreuliches Bild stehen mir die Naturkneipen in der Linden-Allee in Erinnerung, bei denen die jungen Füchse ungezählte Bierjungen trinken mußten, die dann zu den entsprechenden unappetitlichen Reaktionen des überladenen Magens zu führen pflegten. Erfreulicher war es, dem Kricketspiel englischer junger Leute, die in Tübingen studierten, zuzusehen. Mein Interesse an dem Spiel war so groß, daß die Studenten mich bald mitspielen ließen, und ich wurde ein enragierter Kricketspieler, solange die Engländer in Tübingen waren. Leider dauerte das nur zwei Sommersemester. Von ihnen hörte ich auch zum erstenmal von der Abstinenzbewegung. Sie alle waren Abstinenzler strengster Observanz, und es ist mir sehr eindrucksvoll gewesen, aber auch abwegig erschienen, als sie beim Abendessen im Elternhaus es ablehnten, mein besonderes Lieblingsgericht, einen Reispudding, dem etwas Arak beigemischt war, zu essen.

In jene Zeit der Untertertia fällt auch ein Erlebnis, das mich einige Wochen sehr beunruhigt und mit düsteren Gedanken erfüllt hat: Einer meiner Mitschüler hatte zuhause ein altes Jagdgewehr mit Patronen in die Hände bekommen und wir beschlossen, mit ihm Schießübungen anzustellen. Wir wählten dazu eine Sandgrube, in der wir unsere Scheibe aufstellten und auf sie schossen, bis ein in der Nähe arbeitender Bauer unter lautem Schimpfen wütend heranstürzte und uns zu fassen suchte. Die Kugeln hätten ihm um den Kopf gepfiffen. Er erwischte den langsamsten von uns, dem die Flinte gehörte, und es kam nun zu einer Anzeige und einer gerichtlichen Ladung vor das Oberamt, die uns peinlicherweise vom Schutzmann in der Schule übergeben wurde. Ich sah mich damals schon in Gedanken im Gefängnis, eine Schande, die ich meinem Vater, der Richter am Orte war, nicht glaubte, antun zu dürfen. Ich sehe mich noch in der „Badschüssel", der damaligen Tübinger Badeanstalt, an einem kühlen Septembertage, an dem niemand mehr badete, mit der Überlegung, ob ich dieses Verfahren nicht abkürzen sollte. Es ist aber bei dem Gedanken und von der Tat wohl weit entfernt geblieben. Bei der Verhandlung selbst war der vernehmende Oberamtmann uns offenbar freundlich gesinnt, und es stellte sich mit großer Wahrscheinlichkeit heraus, daß die Kugeln nicht über die Sandgrube weggeflogen waren und den Bauern gefährden konnten. Das Ergebnis war ein Freispruch mit einer Verwarnung. Mir war ein Stein vom Herzen. Ich hatte zuhause nichts verlauten lassen und schwieg auch nach dem glücklichen Ausgang. Nachträglich möchte ich glauben, daß die Angelegenheit bei der nahen Bekanntschaft meines Vaters mit dem Oberamtmann und der Kleinheit der Tübinger Verhältnisse meinem Vater sicher bekannt geworden war, daß er aber absichtlich die Sache nicht berührte und mich in meiner Sorge beließ, um mir einen kleinen Denkzettel zu geben. Daß in solchen Fällen eine Aussprache doch besser ist, möchte ich glauben. Es läßt sich oft nicht übersehen, bis zu welchem Ausmaß eine solche ängstliche Besorgnis eines Jugendlichen sich steigern kann, wie überhaupt der Erwachsene leicht vergißt, wie stark beeindruckbar das kindliche Gemüt ist und wie hilflos der Mangel an Erfahrung ihn ängstlichen Phantasien preisgibt.

Mein Übergang in das Obergymnasium fiel zusammen mit dem Abgang meines Bruders von diesem; dieser begann nun als Einjähriger in Tübingen gleichzeitig sein Studium der Chemie, zunächst noch unter Zweifeln, ob er nicht Offizier werden sollte. Ich wurde in den Wissenschaftlichen Verein am Obergymnasium in Tübingen aufgenommen, eine damals schon 25 Jahre bestehende, vom Rektor geduldete Vereinigung, die sich aus den 4 Klassen des Obergymnasiums durch Wahl rekrutierte. Da der Verein seine Zusammenkünfte in den Häusern der Eltern abhielt, so ergab es sich von selbst, daß die Mitglieder Söhne der Professoren- und Beamtenfamilien waren und daß immer nur wenige aus den einzelnen Klassen zur Wahl kamen. Der Verein hatte seinen Vorsitzenden, der der Prima angehörte, einen Sekretär und einen Säckelwart. Er führte das Losungswort „Utile cum dulci". In den Sitzungen, die, soweit ich mich erinnere, alle 4 Wochen stattfanden, wurde ein Hauptaufsatz vorgetragen, zu dem ein zweiter, dem die Arbeit vorgelegen hatte, eine Kritik zu schreiben hatte. Darauf folgte ein kleiner, meist der Literatur entnommener Aufsatz. Zum Schluß wurde ein Klassiker gelesen, daran schloß sich ein geselliges Zusammensein mit viel Laugenbretzeln und Bier. Die Arbeit im Verein wurde sehr wichtig genommen; an den Aufsätzen, deren Thema man sich selbst stellte, wurde fleißig gearbeitet; man legte größeren Wert darauf, vor den Kameraden als vor den Lehrern gut abzuschneiden. Ich muß sagen, daß ich durch die selbstgewählten Aufsatzthemen die erste Ahnung der Freude am wissenschaftlichen Arbeiten bekam, so wenig selbständigen Wert auch die einzelnen Aufsätze hatten. Man las viel für die Arbeit, besorgte sich Bücher aus der Schloßbibliothek und vertiefte sich in den Stoff mehr als bei den Schulaufsätzen mit ihren moralisierenden Themen, für deren Bearbeitung es meist an Substanz fehlte. Ein besonderer Vorzug dieser Jugendlichen-Vereinigung lag, wie mir scheint, darin, daß der Umgang mit den Mitschülern nicht auf die Klassenkameraden beschränkt war, sondern daß die Gemeinschaft Untersekundaner bis Abiturienten umfaßte, und so ein hübsches Vertrauensverhältnis zwischen den Jungen und den Reiferen zur Entwicklung kam. Die Gefahr, daß eine solche Vereinigung in einer kleinen Universitätsstadt, in der die Studenten naturgemäß eine dem Gymnasiasten imponierende Stellung innehatten, sich in einer Nachahmung studentischer Bräuche gefallen würde, ist eigentlich ganz vermieden worden. Vielleicht mehr oder weniger bewußt, um der Geschmacklosigkeit zu entgehen, etwas darzustellen, was in einer Universitätsstadt doch leicht der Lächerlichkeit verfallen wäre. Es war eine harmlose, vergnügte, junge Gesellschaft, aus der sich später auf der Hochschule wieder ein ganzer Teil in derselben Korporation, im „Igel", zusammenfand und manche Freundschaft fürs Leben sich entwickelt hat. Im ganzen bestand innerhalb dieses Schülerkreises fast schon eine gewisse Blasiertheit gegenüber dem Farbentragen und den äußerlichen Bedeutsamkeiten des Korporationswesens. Soweit ich mich erinnere, ist auch nur ein Einziger aus dem Umkreis zu meiner Zeit einer farbentragenden Korporation beigetreten.

Die Frage der Berufswahl hat bei mir, wie gesagt, bei weitem keine so wesentliche Rolle gespielt wie bei meinem Bruder. Wie ich zur Wahl der Medizin kam, kann ich selbst kaum sagen. Daß dabei das Vorbild eines Arztes oder der Tübinger Medizinprofessoren etwa eine Rolle gespielt hätte, ist recht unwahrscheinlich. Der Hausarzt war uns wohl als ein gütiger alter Herr lieb, aber doch kein begeisternder Vertreter seines Berufes. Der Gedanke, etwa die Höhe einer Tübinger Professur zu erklimmen, lag ganz außerhalb der Reichweite meiner damaligen Zukunftsphantasien; das hätte mir vermessen erschienen. Der Nimbus besonderer geistiger Qualitäten, der die Professorenschaft einer kleinen Stadt umgab, war zu strahlend, als daß ein nicht in diesen Umkreis hineingeborener Junge sich den Professor als erreichbares Ziel gesetzt hätte. Die Wahl geschah ohne viel bewußte Überlegung, wohl im wesentlichen darum, weil mir unter den akademischen Berufen die Medizin das einzige Fach schien, das meiner Neigung zu den Naturwissenschaften entgegenkam und gleichzeitig die Aussicht bot, späterhin den Eltern nicht allzulange zur Last zu fallen. Auch das Interesse an der Psychologie, die in der Prima gelehrt wurde und mehr als die anderen Fächer mich fesselte, mag mitwirksam gewesen sein. Die Tatsache, daß Urgroßvater und Ururgroßvater Ärzte in Schwäbisch-Hall gewesen sind, hat bewußt sicher keinen Einfluß gehabt, denn zur Zeit der Berufswahl wußte ich davon noch nichts.

Mit dem Abiturium im Herbst 1886 schloß gleichzeitig die Tübinger Zeit im Elternhaus ab, da der Vater an das Oberlandesgericht in Stuttgart berufen wurde. Dort trat ich am 1. Oktober 1886 zur Ableistung meiner militärischen Dienstpflicht in das Regiment 125 ein. Meine Erwartung, durch meine guten turnerischen Leistungen in der Schule hier eine besondere Position zu bekommen, wurde ziemlich enttäuscht. Das Halbjahr steht in meiner Erinnerung mit stark gemischten Gefühlen. Man durfte zwar zuhause schlafen, aber schon der frühmorgendliche Eintritt in die Kompagnieschlafstube war ein Entschluß, der jedesmal Überwindung kostete. Der unbeschreibliche Dunst und Duft verschlug den Atem. Stundenlanges Putzen und Gewehrreinigen, langsamen Schritt üben, Griffe machen und Viertelstunden lang mit aufgefaßtem Gewehr in der Kälte still stehen, bis die Finger klamm wurden und das Gewehr langsam den Fingern entglitt, die Freude der Unteroffiziere, die Einjährigen zu schikanieren, das alles war zwar vielleicht eine gute Schule der Disziplin, dämpfte aber zu Anfang in hohem Maße die Freude an des Königs Rock. Auch das Postenstehen in dem kalten Winter war nicht beliebt. Eine gewisse Romantik umgab das Wachestehen auf dem Rosenstein und der

30

Wilhelma, von denen es hieß, daß man mitunter scharfe Munition gegen räuberische
Überfälle bekomme. Besser wurde es, als die Geländeübungen, das Entfernungsschät-
zen und das Scharfschießen kamen. Die für gutes Schießen in Aussicht gestellte Schüt-
zenschnur habe ich zu meinem Schmerz nicht mehr bekommen, da ich als Mediziner
nach halbjähriger Dienstzeit vor ihrer Ausgabe als überzähliger Lazarettgehilfe zur Entlassung kam. Es war sicher gut, die militärische Ausbildung unmittelbar an die Schule
anzuschließen; der Kommißzwang wird in diesem Alter und für den bis dahin an die
Schuldisziplin Gewöhnten weniger drückend empfunden. Der Gedanke, daß diese Ausbildung eine Vorbereitung für den Krieg sei, wurde eigentlich nie ernsthaft erwogen.
Man lebte unpolitisch in dem Gefühle eines gesicherten Friedens und nahm die Militär-
pflicht im ganzen ziemlich gedankenlos als eine selbstverständliche, unbequeme, in den
Gang der Berufsentwicklung gehörige Angelegenheit.

Studienzeit

Der Beginn des Studiums im Sommersemester 1887 erfolgte auf der Tübinger Anatomie. Meine Schulfreundschaft mit Friedrich Henke, dem Sohn des Anatomen, hatte
zur Folge, daß der Vater Henke uns beiden freundlicherweise Gelegenheit gab, vor
Beginn des Semesters Muskeln zu präparieren, da wir sonst nach dem Gang des Studiums in dem Sommersemester, in dem nicht auf der Anatomie präpariert wurde, ohne
eine rechte anatomische Anschauung eingetreten wären. Henke war ein erfreulicher
Typus eines akademischen Lehrers. Seine Vorlesungen gingen wohl manchmal über
das Niveau der jungen Studenten, aber keiner konnte sich dem Reiz und dem künst-
lerischen Schwung seiner an die Tafel geworfenen Skizzen entziehen. Er fesselte —
mehr Künstler als Arzt — den Studenten nur selten durch Hinweise auf die Beziehungen der Anatomie zu der späteren Praxis, aber er liebte es, ein anschauliches Bild des
seinem Auge im Spiel der Muskeln und Gelenke vorschwebenden lebendigen Körpers
zu geben. Eine für den Aanatomieunterricht gute Ergänzung bildete der Prosektor
Froriep, dessen pedantische Art vielfach bespöttelt wurde, aber objektiv gesehen sicherlich ganz gut war.
Ich kann nicht sagen, daß dieses erste Semester etwa ganz unter dem Zeichen dieses
ersten eifrigen Anlaufs gestanden hätte. Zwar war wohl für den, der in der Studenten-
stadt Tübingen aufgewachsen war, der Eintritt in das freie Studentenleben weniger
eindrucksvoll als für den anderwärts dem Gymnasium Entwachsenen. Der Zauber der

farbigen Mützen und Bänder war abgestumpft. Er hatte für mich auch keine Anziehungskraft aus irgendeiner Pietätsanhänglichkeit — das Korps Guestphalia, dem mein Vater angehört hatte, war schon lange aufgeflogen. So ergab es sich naturgemäß, daß ich dem Beispiel des Bruders und älterer Gymnasialfreunde folgend, dem „Igel" beitrat. Das brachte allerhand Pflichten auf Kneipe, Conventen, Fechtboden und anderen offiziellen und nichtoffiziellen Gelegenheiten. Die Folgen zeigten sich oft anderen Morgens in einem schweren Kopf, der in dem histologischen Kurs Frorieps sich mühsam über dem Mikroskop hielt, mitunter auch den Entschluß zum Aufstehen nicht finden ließen. Da zu der Mehrzahl der Lehrer von früher her durch die Eltern Beziehungen bestanden und das Verhältnis von Lehrern und Studenten damals doch noch erfreulich persönlich war, so wurde die Gefahr, allzu bummelig zu werden, schon durch die Scheu, zu häufig als fehlend aufzufallen, nicht allzu groß. Zum Maßhalten im Trinken half ein instinktmäßig auftretender Widerwille, der das Weitertrinken beim Erreichen der Toleranzgrenze physisch unmöglich machte zusammen mit der Angst vor dem Katzenjammer, der das Zuviel mit einem schweren, oft den ganzen Tag anhaltenden migränösen Zustand zu rächen pflegte. So habe ich die Qualität des „rechten Mannes" im Sinne des bekannten Liedes niemals erreicht. Das hinderte nicht, daß ich gerne an langen Nachsitzungen nach der offiziellen Kneipe teilnahm, wenn die werdenden Theologen, Juristen, Philosophiebeflissenen und Mediziner sich weltanschaulich auseinandersetzten. Politische Meinungsverschiedenheiten bestanden kaum. Man war ziemlich einheitlich bismarckisch gesinnt, verehrte den alten Kaiser und entrüstete sich über die gelegentlich bei Wahlen oder anderen politischen Gelegenheiten im „Gasthof zum Kaiser" ausgehängten schwarz-rot-goldenen Fahnen der großdeutschen Demokraten. Man freute sich des unter Preußen geeinten Deutschlands ohne Vorbehalt. Von alten schwäbischen Beziehungen nach Wien war kaum mehr etwas zu spüren. In der Praxis der Verbindung äußerte sich das darin, daß man besonderen Wert darauf legte, auch Norddeutsche zu gewinnen, um sich vom schwäbischen Partikularismus freizuhalten. Ich glaube, daß darin ein gewisser Verdienst der Korporation gelegen hat. Tatsächlich haben sich so zahlreiche, das Leben durchhaltende Freundschaften zwischen Süd und Nord entwickelt. Die verhältnismäßig große Anzahl norddeutscher Professoren in Tübingen brachte es mit sich, daß durch sie manche ihrer Angehörigen und Verwandten sich der Verbindung anschlossen, was für die Auslese und das geistige Niveau nicht ungünstig war.

Die ersten 4 Semester nahmen den üblichen Studienverlauf. Für den späteren Werdegang war es von einer gewissen Bedeutung, daß der Lehrer der Physiologie Grützner sich meiner annahm, insofern er mich nach bestandenem Physikum im 5. Semester als Vorlesungsassistent, der im Institut wohnte, annahm und mir Gelegenheit gab, in diesem Semester eine physiologische Arbeit fertigzustellen, die als meine erste wissenschaftliche Arbeit 1890 in „Pflügers Archiv" erschien und später als Doktordissertation figurierte. Grützner war in Breslau Dozent gewesen und mit Wernicke befreundet und empfahl mich später nach Abschluß des Studiums an diesen, als er sich wegen einer zu besetzenden Assistentenstelle an ihn gewandt hatte. Das mit einer „Eins" bestandene Physikum — was übrigens in Tübingen nichts besonderes war — und die als Auszeichnung geltende Assistententätigkeit am Physiologischen Institut veranlaßte die Eltern, mir im Wintersemester 1889/90 in Berlin das Studium zu erlauben. Mit drei Kameraden, Heinrich Abegg, der das Medizinstudium schon abgeschlossen hatte, Richard Abegg, dem physikalischen Chemiker, und dem Juristen Schrag zog ich dorthin. Propädeutische Kurse bei Karl von Noorden und dem Chirurgen Küster wurden belegt, daneben wurden unregelmäßig „geschunden" Vorlesungen von Gerhardt, Leyden, Bergmann und Virchow und die psychiatrische Klinik von Siemerling, der den erkrankten Westphal vertrat. Dazu kam die Nervenpoliklinik von Mendel, gelegentlich auch Treitschke, der akustisch kaum zu verstehen war. Mindestens ebenso wichtig wurde der Besuch der Theater, vor allem des Deutschen mit einer Schwärmerei für Agnes Sorma, des Berliner Theaters mit Barnay, des Schauspielhauses und der Oper, für die alle für die Studenten verbilligte Preise bestanden. Als Weihnachtsgruß schickte ich den Eltern eine umfängliche Zettelsammlung der gehörten Stücke in der harmlosen Annahme, dadurch den Nachweis führen zu können, meine Zeit nutzbringend verwendet zu haben. Wie ich später erfuhr, war dieses Weihnachtsgeschenk mit etwas Kopfschütteln aufgenommen worden. Tatsächlich war es aber doch eine gute Verwendung der Zeit, nicht nur, weil damals ohne Zweifel eine Blütezeit der Berliner Theater war und viele der damals gehörten Dramen und Opern in einer so ausgezeichneten Weise für mich nicht wieder zu hören waren. Unter den Familienbesuchen stehen mir in besonders schöner Erinnerung die Sonntagnachmittage im Hause des Stadtrats und Abgeordneten Weber in Charlottenburg, in das ich durch meinen Tübinger Studiengenossen Alfred Weber eingeführt wurde. Der hier sich sammelnde liebenswürdige, geistig bewegte und politisch interessierte Kreis bedeutete für mich, der ich aus den kleinen schwäbischen Verhältnissen kam, eine große Anregung, und die lebendige, mütterlichfürsorgliche Güte der Hausherrin ließen mich rasch heimisch werden. Auch Max Weber, Alfreds Bruder, der damals als Gerichtsassessor seine berühmt gewordene Arbeit über römische Agrargeschichte schrieb, war gelegentlich hier zu sehen und erweckte wohl in jedem Neuhinzugekommenen den Eindruck einer ganz ungewöhnlichen geistig und charakterlich besonderen Persönlichkeit. Bei Weber's hatte ich auch Gelegenheit, zum erstenmal an einem richtigen Herrendiner teilzunehmen, bei dem an der Spitze des Tisches der weißhaarige Mommsen saß, im übrigen die Spitzen der national-liberalen Partei mit dem Minister Hobrecht und anderen. Ich kam mir zwar in dieser welt- und sprachgewandten Gesellschaft als kleiner Student mit meinem schwerfälligeren schwäbischen Idiom ziemlich verloren vor und bewunderte meinen Freund Alfred Weber, der, angetoastet, sofort mit wenigen Worten replizierte, wegen seiner Geistesgegenwart und Schlagfertigkeit. Daß ich damals den alten Mommsen in kleinem Kreise noch sehen konnte, ist mir doch eine interessante Erinnerung geblieben.

Durch eine Empfehlung von Mathilde Weber, die mit der schwäbischen Frau von Werner von Siemens von Kindheit her befreundet war, kam ich auch ein und das andere Mal zu den offenen Abenden des Siemens'schen Hauses, wo man mich freundlich aufnahm. Die fontäneartigen Büschel elektrischen Lichtes, die von den Wänden ausstrahlten, waren damals etwas ganz Neues und gaben den Räumen einen besonders festlichen Glanz. Von Einzelheiten ist mir von dort erinnerlich, daß ich mit einer Tochter des Hauses Billard spielte, daß ich in jenen Jahren unter der Anleitung von Hugo Faisst und Richard Abegg, die beide recht gute Spieler waren, mit einem Eifer spielte, der mit meinem Wechsel nur dadurch in Einklang zu bringen war, daß ich an anderer Stelle Abstriche machte. Ich sparte an Heizung, im ganzen Wintersemester ließ ich nur einmal für 25 Pfennig das Zimmer heizen, das klingt schlimmer als es war, tagsüber war ich meist in den Vorlesungen oder auch in einem der Museen, abends viel im Theater, und wenn ich zuhause war, war das Zimmer durch die nebenan geheizten Räume von erträglicher Temperatur. Außerdem war es damals noch möglich, in den Akademischen Bierhallen oder bei Bötzow sich billig zu verpflegen. Man konnte sich um 75 Pfennig zu Mittag satt essen. Im ganzen war das Berliner Semester mehr der allgemein-menschlichen als der fachlichen Ausbildung gewidmet.

Im folgenden Sommersemester 1890 in München mußte schon wieder mehr an das Studium gedacht werden. Die Vorlesung bei dem inneren Kliniker Ziemssen war für den Anfänger nicht übermäßig anregend. Er selbst betonte dies häufig dadurch, daß er während seines Vortrages zwischendurch zu gähnen pflegte, was ich späterhin bei keinem Vortragenden wieder beobachtet habe. Besonders eindrucksvoll war mir die psychiatrische Klinik, die ich auch hier wieder hörte. Ich sehe noch den ersten Deliranten vor mir, den uns Grashey eines Nachmittags in großer Anschaulichkeit und in sprachlich glänzendem Vortrag vorführte. Die Vorlesungen über Psychiatrie, die damals noch nicht obligatorisch waren, habe ich in diesen frühen Semestern gehört, weil ich wußte, daß in Tübingen, wohin ich später zurückkehren wollte, keine Psychiatrie und Neurologie gelesen wurde und mich beide Fächer doch schon frühzeitig fesselten. Das Münchener Semester lehrte mich auch die Anfängerhypochondrie des Mediziners in den ersten klinischen Semestern kennen. Die Bißwunde eines Hundes in die Wade machte mir Sorge, weil ich über seine weitere Lebensgeschichte nichts in Erfahrung bringen konnte, ob er etwa an Lyssa erkrankte. Nachdem ich mich orientiert hatte, daß die Inkubationszeit der Hundswut bis zu 1/2 Jahre dauern könne, ließ mich die Sorge das ganze Semester nicht ganz los. Ich hörte zwar, daß damals in München nichts von Tollwut bekannt war, aber das langsame Heilen der kleinen Bißwunde schien mir doch in manchen Morgenstunden verdächtig. Es war aber doch nicht so, daß mir der Genuß des Münchener Semesters richtig verdorben worden wäre. Ich war zwar mehr allein als in Berlin, da ich unter den Münchener Studenten keinen mir zusagenden Verkehr fand, die dort befindlichen Bundesbrüder wesentlich älter und schon im Beruf tätig waren, hatte aber doch mit meinem Vetter, Hermann Tafel, damals Maler in München, später Kunstkritiker in Stuttgart — ein Bild von ihm ist in der Stuttgarter Gemäldegalerie in der Villa Berg — manchen hübschen Abend auf irgendeinem Keller. Er stand damals ganz unter dem Einfluß der Lektüre des Marx'schen „Kapitals", war bei großer persönlicher Gutherzigkeit voll jugendlichen Ressentiments gegen die kapitalistische Welt. In ihm wie in dem gleichfalls erheblich älteren Tafel'schen Vetter Robert, dem Sohn Gottlobs, dem alten Achtundvierziger, traten mir zwei von hohem Idealismus getragene, nicht parteimäßig eingeschworene Sozialisten entgegen, deren Zugehörigkeit in der bürgerlichen Verwandtschaft mit einer leichten Scheu und peinlichem Unbehagen ertragen wurde, die aber beide durch ihre weit über dem Durchschnitt stehende Bildung für mich sehr lehrreich waren und die ich menschlich sehr hoch schätzte. Im übrigen genoß ich die Natur, machte Märsche im Isartal und nach dem Starnberger See, sonntägliche Fahrten nach Feldafing, einen Pfingstausflug nach Partenkirchen und einen durch Neuschnee mißglückten Aufstieg zur Zugspitze. Den Höhepunkt sollte ein Ausflug zu den damaligen Festspielen in Oberammergau bilden. Der Genuß wurde allerdings durch ein während der Aufführung niedergehendes starkes Gewitter beeinträchtigt. Die billigeren Plätze des Festspielraums waren damals noch ungedeckt, ein längeres Verbleiben an dem teueren Ort, um eine zweite, ungestörte Aufführung zu sehen, erlaubte unsere Kasse nicht.

Nach diesen beiden, zu einem wesentlichen Teil dem Vergnügen, man kann vielleicht auch sagen, der Persönlichkeitsentwicklung, dienenden Semestern mußte nun ernsthaft an das klinische Praktizieren gegangen werden. Waren doch schon drei klinische Semester — das erste durch die physiologische Assistententätigkeit, die beiden anderen durch ziemlich ungeregeltes Studium — verbraucht worden. Das geschah nun auch wieder in Tübingen von Herbst 1890 bis zum Staatsexamen im Wintersemester 1891/92. Es waren vollausgefüllte Semester. Studium, Praktizieren in den Kliniken, Seniorspielen in der Verbindung und allerhand gesellschaftliches Leben nahm die Zeit völlig in Anspruch. Zu den von Jugend auf befreundeten Familien Henke, Lothar Meyer, Mandry war nun noch durch die Heirat meines Bruders die Familie des Strafrechtslehrers Hugo Meyer hinzugekommen, in der ich freundliche Aufnahme fand und geradezu verwöhnt wurde. Mein Bruder war indessen bei den Farbenfabriken Bayer in Elberfeld eingetreten und leitete einen Betrieb auf der Lüneburger Heide in Schelploh, wo er das Sulfonal herstellte. Dort hatte ich ihn kurz vor seiner Verheiratung in den Weihnachtsferien 1889 von Berlin aus besucht und den Reiz der Landschaft und des Lebens auf der Heide mit Jagden, Schlittenfahrten und Besuchen bei den großen Heidebauern kennengelernt.

Im Februar 1892 erhielt ich gleichzeitig mit dem Doktordiplom meine Approbation als Arzt. Ich hatte fleißig und mit besonderem Interesse vor allem in der Klinik bei Liebermeister praktiziert. Chirurgie bei Bruns und Geburtshilfe bei Säxinger waren mir in ihrer praktischen Wichtigkeit durchaus bewußt, schienen mir aber als wissenschaftliches Fach im Verhältnis zu den inneren Erkrankungen mit ihren vielen dunklen physiologischen und schwierigen diagnostischen Fragen zurückzustehen. Zur praktischen Betätigung konnte man in den chirurgischen Fächern so gut wie nicht kommen.

Das Gefühl, nun ein fertiger Arzt zu sein, hatte ich durchaus nicht, und ich übernahm nach Abschluß des Examens nicht ohne Sorge die Vertretung des alten Oberamtsarztes und Freundes unserer Familie Stockmeyer in Heidenheim. Ich erinnere mich, wie ich nächtlicherweise durch jeden fahrenden Wagen beunruhigt wurde in der Befürchtung, zu einer Geburt geholt zu werden. Glücklicherweise ging die Zeit vorüber, ohne daß ich mich auf diesem Gebiet praktisch betätigen mußte. Im ganzen waren diese Wochen erster selbständiger ärztlicher Tätigkeit außerordentlich eindrucksvoll. Manche Kranke und manche Familie aus dieser Zeit stehen mir noch heute vor Augen wegen der starken Belastung des Verantwortungsgefühls bei schweren Erkrankungen. Gerade während dieser Vertretung kam eine schwere und höchst bösartige Diphtherieepidemie zum Ausbruch, die in manchen Familien alle Kinder ergriff und in einigen mehrere wegraffte. Man stand der Krankheit ganz machtlos gegenüber, soweit nicht die Tracheotomie bei Kehlkopfdiphtherie in Betracht kam. Das Gurgeln mit Kali chloricum, Einblasen und Pinseln des Rachens war so gut wie nutzlos.

Im übrigen fiel in dieses Jahr die Erledigung des zweiten Halbjahres militärischer Verpflichtung als einjähriger Arzt, der ich in Stuttgart bei den roten Ulanen nachkam. Der Dienst war nicht anstrengend und bestand im wesentlichen im Revierdienst, wo man sich an den kleinen Schäden des Aufgerittenseins, gelegentlich auch durch das Einrichten einer Luxation und am Ausziehen der festsitzenden Zähne der Ulanenrekruten nicht gerade zur Freude der Opfer belernen konnte. Der Revierdienst begann um 6 Uhr früh und war morgens um 8 meistens vorüber. Der Rest des Vormittags konnte dem Reiten in der Bahn, aber auch in den schönen Anlagen zwischen Stuttgart und Cannstadt gewidmet werden. Etwas strapaziös war der mindestens halbstündige morgendliche Anmarsch von der Elternwohnung in der Heusteigstraße nach der Kaserne am Ende der oberen Anlagen, besonders wenn im Sommer das Pferdeschwimmen auf frühmorgens um 4 Uhr angesetzt war, bei dem ein Arzt anwesend sein mußte. Da hieß es dann um 3 Uhr aufstehen. Im ganzen war es aber eine angenehme selbständige Stellung. Ich erinnere mich nicht, daß ich den vorgesetzten Stabsarzt, außer bei der Einführung, je im Revier gesehen habe. Auch meinen damaligen Schwadronchef, den Prinzen Albrecht von Württemberg, habe ich persönlich nicht gesprochen. Die besondere Vornehmheit des Regiments legte keinen Wert auf die Kasinoteilnahme der einjährigen Ärzte, was mir aus wirtschaftlichen und anderen Gründen durchaus angenehm war. Im Herbst des Jahres erledigte ich noch meine 6wöchige Unterstabsarztübung beim Stuttgarter Grenadier-Regiment und avancierte damit zum Sanitätsoffizier.

In diese Stuttgarter Militärzeit, der letzten, die ich im Elternhaus verbrachte, fielen englische Sprachstudien mit einer zu Besuch gekommenen amerikanischen Tafel'schen Cousine. Leider wurden sie nicht ernsthaft genug betrieben und vor allem nicht fortgesetzt, so daß sie im Endergebnis fast wertlos blieben. In diese Zeit fiel auch eine ärztliche Behandlung, die mich seelisch stark in Anspruch nahm. Es war eine mit urämischen Erscheinungen einhergehende Nephritis des schon erwähnten älteren Vetters Robert Tafel, die mir zum erstenmal die ärztliche Misere vor Augen führte, wenn man sich im Umkreis der eigenen Nahestehenden unfähig sieht, zu helfen. Die Erkrankung führte trotz Heranziehung von Konsiliarien zum Tode.

Eine schöne Erinnerung aus dieser Zeit sind mir die Nachmittage bei Hugo Faisst, wenn wir, wie früher in Tübingen, in kleinem Kreis bei ihm zum Anhören der Hugo Wolf-Lieder zusammenwaren, den bekanntzumachen er sich zu seiner Lebensaufgabe gemacht hatte.

Mit Jahresschluß kam der Abschied von der Heimat, um am 1. Januar 1893 eine Assistentenstelle an der Psychiatrischen Klinik bei Wernicke in Breslau anzutreten. Es wurde mir nicht leicht, nach Breslau zu fahren, das man in Württemberg doch schon sehr der „Polakei" zurechnete. Als sich hinter Görlitz die Ebene nach Osten öffnete, wäre ich am liebsten wieder umgekehrt. Dieses Gefühl wiederholte sich in den ersten Jahren meines Breslauer Aufenthaltes bei Abschluß jeder Ferienreise, die ich in der Heimat zugebracht hatte. Hinter Görlitz schien mir das Land öde und fremd, und ich verfiel dem Heimweh. Der Eindruck wurde nicht rosiger, als ich in die Stadt mit den riesigen hohen Häusern und Schornsteinen einfuhr, wenn ich sie mit der Einfahrt nach Stuttgart vom Hasenberg aus verglich.

Assistentenzeit

Am 2. Januar 1893 zog ich in die Klinik ein. Ich hatte sofort eine Station von 60 Betten zu übernehmen. Meine hirnpathologischen und psychiatrischen Kenntnisse waren durchaus dürftig. Die gelegentlichen Besuche der klinischen Vorlesungen Siemerlings, des Vertreters von Westphal, Mendel's Nervenpoliklinik und in München die Grashey'sche Vorlesung hatten mir wohl Interesse am Fach, aber kaum irgendein positives Wissen vermittelt. In Tübingen hat es überhaupt keine Spezialvorlesungen über Neurologie und Psychiatrie gegeben, wenn auch Liebermeister in der Klinik gelegentlich solche Fälle demonstrierte. Wernicke hielt eine solche mangelhafte Vorbildung bei seinen Schülern für keinen Fehler. Er hielt von der damaligen Psychiatrie, abgesehen von Meinert und Kahlbaum, sehr wenig und pflegte sich darüber oft recht drastisch auszudrücken. Für seine Arbeit an seinem Lehrbuch der Psychiatrie, das damals im Entstehen war, waren ihm Mitarbeiter, die psychiatrisch und psychologisch unbeschriebene Blätter waren, lieber. Das trat in seinem anfänglichen Verhalten gegen Heilbronner, der bei Grashey gearbeitet hatte und bei Gaupp, bei dem er psychologische und philosophische Interessen witterte, hervor. So stand ich meiner Krankenabteilung zunächst ziemlich sorglich gegenüber. Die Besorgnis wurde durch den Brauch Wernickes, dem Neuling die Station der Paralytiker und der älteren schweren Hirnfälle zu übergeben und ihn dort für die ersten 6 Wochen seinem Schicksal zu überlassen, ohne ihn einzuführen und ohne ihn in dieser Zeit auf seiner Abteilung zu besuchen, nicht vermindert. Man mußte sehen, wie man mit den praktischen Aufgaben fertig wurde. Der kluge alte Oberpfleger Lieschke half im rein Technischen, und der Oberarzt, ein etwas formalisti-

scher alter Korpsstudent von korrekten Umgangsformen, in seinen wissenschaftlichen
Erläuterungen nicht gerade durch besondere Lehrbefähigung ausgezeichnet, war der
Einführende. Die Kranken waren zumeist schon durch die Aufnahmestation und die
Hände der beiden älteren Assistenten Kemmler und Cassierer gegangen, so daß durch
die Krankengeschichten eine gewisse Anleitung zur Untersuchungstechnik gegeben war.
Das Wesentliche waren aber die Krankenbesuche Wernickes auf der Aufnahmestation.
Sie dienten ausschließlich seinem eigensten wissenschaftlichen Interesse, das damals im
Speziellen den akuten Psychosen für sein Lehrbuch der Psychiatrie galt. Wenn er mit
ziemlicher Regelmäßigkeit morgens gegen $\frac{1}{2}11$ in seinem kleinen geschlossenen Coupé
anfuhr und durch Klingelzeichen die vier Assistenten in das Direktorzimmer zusammen-
gerufen waren, wurde meist in wenigen Minuten der geschäftliche Verkehr mit den
Behörden erledigt und dann auf die Abteilung gegangen. Es wurde nicht etwa ein
Rundgang bei allen Kranken gemacht, sondern nach kurzer oder längerer Besichtigung
der Neuaufnahmen sofort zu bestimmten Kranken gegangen, deren Krankengeschichte
Wernicke zu Hause durchgesehen und an den ihn interessierenden Stellen mit Strichen
versehen hatte. Er setzte sich nun an das Bett des Kranken und explorierte mitunter
stundenlang und wiederholt an verschiedenen Tagen, immer gleichzeitig Notizen schrei-
bend. Es waren das die Krankengeschichten, die er später in seinem Lehrbuch und in
seinen klinischen Demonstrationen veröffentlichte. Schmerzlich war mir zu Anfang,
daß das, was ich bei dem Entdecker der sensorischen Aphasie und nach seinem zwei-
bändigen Werk über Hirnpathologie eigentlich erwartet hatte, die Analyse hirnpatho-
logischer organischer Fälle von ihm damals fast ganz beiseitegelassen wurde. Das ging
so weit, daß man ziemlich sicher sein konnte, daß er in der Klinik an einem Fall vorbei-
ging, wenn man ihm sagte, daß es sich um etwas Neurologisches oder Organisch-
hirnpathologisches handele. Er wollte damals in der Klinik nur Psychiatrisches sehen.
In der Poliklinik, die von der Klinik getrennt in ein paar elenden Räumen am
Matthiasplatz untergebracht war, war das anders. Hier wurde lediglich Neurologie
unter der Assistenz von L. Mann getrieben und hier konnte man von Wernickes ausgezeichneter Kenntnis der Muskelfunktionen viel lernen. Er selbst verdankte diese dem
Studium von Duchenne, den er hoch schätzte und auch ins Deutsche übersetzt hatte.
Es waren Jahre fast klösterlicher Zurückgezogenheit in der am äußersten Nordende
der Stadt gelegenen Klinik in der Göppert-, später Einbaumstraße, eine Zeit, an die
ich später oft mit einer gewissen Sehnsucht zurückgedacht habe. Dankbar erinnere ich
mich aus dieser ersten Zeit des damals ältesten Mitassistenten und Landsmanns Kemmler, später Direktor der Schwäbischen Heilanstalt in Heilbronn. Er war seiner Assisten-

tentätigkeit schon etwas überdrüssig geworden, gab aber im abendlichen Zusammensein gerne und liebenswürdig aus seiner größeren Erfahrung dem Anfänger Anleitung. Er war um seiner ausgezeichnet geschriebenen Krankengeschichten willen früher von Wernicke sehr geschätzt worden. Zu meiner Zeit schrieb er meist überhaupt keine mehr oder nur im Telegrammstil und mit dickem Blaustift in wenigen Worten, aber auch da noch mit einer ungewöhnlichen Prägnanz des Ausdrucks. Er war ein einfallsreicher Mensch. Seine Interessen lagen vielfach außerhalb der Klinik. Er stand dem Kreise von Karl und Gerhart Hauptmann nahe und fuhr öfters einmal dorthin nach Schreiberhau. Wir empfanden es damals als bedauerlich, daß er von Wernicke nicht gefördert wurde. Er machte es diesem aber auch nicht leicht, da er sich nicht zum wissenschaftlichen Arbeiten entschloß. Wernicke war in jener Zeit der Vorarbeiten für sein Lehrbuch wenig darauf bedacht, seine Assistenten zu bestimmten Arbeiten anzuregen. Im ganzen mag er wohl auf dem Standpunkt gestanden haben, daß, wo sich der Trieb zum wissenschaftlichen Arbeiten nicht von selbst meldet, man nicht künstlich etwas züchten soll, nur um die Literatur zu vermehren und die wissenschaftliche Betriebsamkeit der Klinik zu dokumentieren.

Der Tag verging in jener Zeit mit Krankenuntersuchungen und im Laboratorium, wo man sich autodidaktisch in mikroskopischer Technik, im Verfertigen von Hirn- und Rückenmarkschnitten, in Hirn- und Rückenmarksanatomie nach Anleitung des Wernick'schen Lehrbuches der Hirnkrankheiten zu unterrichten suchte. Man arbeitete sich in die neueren Methoden von Marchi, Nissl, Weigert und Pahl ein und lebte in der Hoffnung, auf dem Wege der Histopathologie der Großhirnrinde die anatomische Grundlage der Psychosen zu finden. Abends besprach man mit den Kollegen, was der Tag an Interessantem gebracht hatte. Verkehr mit den anderen klinischen Instituten kam schon wegen der räumlichen Entlegenheit in den ersten Jahren kaum in Frage. Ich kann mich an ein konsultatives Heranziehen der anderen Kliniken, abgesehen von dem Gynäkologen Pfannenstiel, der gelegentlich kam, kaum erinnern. So war man genötigt, neben der fachlichen Ausbildung sich auch allgemein-medizinisch praktisch zu betätigen. Schon in den ersten Monaten meiner Assistententätigkeit trat mir diese Nötigung eines Nachts in einer sehr alarmierenden Weise entgegen. Man rief mich zu einer paralytischen Kranken, die ich mit aufgerissenem Bauch, mit ihren Därmen spielend, vorfand. Sie hatte in der Erregung — anscheinend ohne Werkzeug — ihre völlig schlaffen Bauchdecken selbst aufgerissen, ohne daß die Pflegerin es beobachtet hatte. Es war meine erste und einzige Bauchnaht, die ich in dieser Nacht mit völlig unzureichenden Mitteln unter Assistenz der Nachtwache in der Hyoscin-Narkose ausführen mußte. Die Kranke überstand erstaunlicherweise den Eingriff und starb erst später an ihrer Paralyse.

Nach etwa ³/₄jähriger Tätigkeit auf der Paralytikerstation bekam ich die Aufnahme-Abteilung, die rein körperlich insofern anstrengend war, als man fast jede Nacht und oft mehrmals aufzustehen hatte, um Aufnahmen zu machen, bei denen es sich zumeist um pathologische Räusche und Alkoholdelirien handelte. Es waren die Jahre, in denen der chronische Alkoholismus in Breslau wie in anderen großen Städten Norddeutschlands seinen Höhepunkt erreichte. An eine solche nächtliche Aufnahme knüpfte sich damals ein mein ärztliches Ehrgefühl verletzender Konflikt mit der städtischen Verwaltung. Auf Veranlassung des Polizeipräsidenten und mit einem persönlichen Schreiben von ihm wurde ein schwer manisch erregter, bei der Polizei beschäftigter Regierungsassessor, der sich in seiner Behörde durch sein ungezügeltes Verhalten außerordentlich lästig gemacht hatte, in die Klinik eingeliefert. Er wurde in ein sogenanntes Isolierzimmer gebracht und schien dort zunächst sichergestellt. Erstaunlicherweise war er aus diesem, als ich ihn nach kurzer Zeit zur Untersuchung aufsuchen wollte, verschwunden. Er war indessen schon wieder auf dem Polizeipräsidium. Dort war natürlich helle Entrüstung und die Folge ein scharfes Schreiben des Polizeipräsidenten an die Stadtverwaltung über die unzulängliche Sicherung eines gemeingefährlichen Kranken in der Anstalt. Die städtische Verwaltung lehnte die Verantwortung ab und schob sie ohne vorherige Rückfrage dem aufnehmenden Arzt, der ich war, zu. Tatsächlich war es dem Kranken, der, wie sich herausstellte, ein glänzender Turner war, gelungen, sich durch die schmalen oberen Fensterflügel und die Querstäbe durchzuzwängen, was bis dahin für unmöglich gehalten worden war. Wenn überhaupt von einem Verschulden gesprochen werden konnte, so lag es in der baulichen Anlage, für die die Stadt verantwortlich war. Ich wollte den Vorwurf der Unachtsamkeit, den mir die Stadtverwaltung gemacht hatte, nicht auf mir sitzen lassen und beschwerte mich beim Regierungspräsidenten. Ich hatte die Genugtuung, von diesem recht zu bekommen. Die Stellung der Stadt in dieser Angelegenheit war charakteristisch für das Verhältnis zwischen Stadt und Klinik. Es bestand hier ein stilles, gelegentlich auch offenes Kampfverhältnis. Die Stadt hatte den Wunsch, die Klinik, die ihr als ein ihr nur zum Teil unterstellter und auch finanziell belastender Fremdkörper lästig war, loszuwerden. Wernicke hätte mit dieser Stellungnahme an sich insofern sympathisieren können, als die Lösung des Verhältnisses zwischen Stadt und Staat der Weg war, zu einer selbständigen Klinik zu kommen, was natürlich in seinen Wünschen lag. Es kam aber nicht zur Bildung einer gemeinsamen Front zur Durchsetzung dieses Zieles. Wernicke, dessen Stärke nicht in der Behandlung der Menschen bestand, zeigte sich städtischen Wünschen gegenüber des öfteren brüsk und kompromißlos, den Besprechungen der Primärärzte mit dem städtischen Dezernenten blieb er fern und ließ sich durch den städtischen Oberarzt vertreten. Die Stadt zeigte ihre mangelnde Sympathie durch oft kleinliche Kompetenzeingriffe, durch unfreundliches Verhalten gegen die klinischen Assistenten, wie in meinem Falle. Innerhalb der Fakultät hatte Wernicke in jener Zeit auch im ganzen wenig Rückhalt. Diese verhältnismäßig isolierte Stellung war der Stadtverwaltung bekannt und diente nicht zur Kräftigung seiner Position. Wie sich im Laufe der Jahre diese Spannung auch gegenüber dem von der Stadt angestellten Oberarzt so verschärfte, daß es zur Lösung des Vertragsverhältnisses zwischen Universität und Stadt kam, noch ehe der Neubau der Klinik etatmäßig genehmigt war, so daß Wernicke in den letzten Jahren seiner Breslauer Tätigkeit überhaupt ohne Klinik war, habe ich als Assistent nicht mehr miterlebt. Im übrigen war die Zeit als Aufnahmearzt der Männer- und später der Frauenstation mit dem großen Zugang an psychischen Kranken aus der ganzen Stadt eine außerordentlich günstige Gelegenheit, sich klinisch einzuarbeiten. Auch wenn man die Betrachtungsweise Wernickes, die Psychosen unter dem Gesichtswinkel seines erweiterten Aphasieschemas anzusehen, nicht teilte, so blieb seine Art der Krankenuntersuchung durch die Konsequenz seines lokalisatorischen Denkens und durch die Genauigkeit seiner Befundaufnahmen in hohem Maße anregend. Die von ihm auch anatomisch in der Hirnrinde vorausgesetzte Aufteilung in drei Bewußtseinsgebiete, der Körperlichkeit, der Außenwelt und der Persönlichkeit, wie die stete Berücksichtigung des supponierten Reflexbogens psychosensorisch-intrapsychisch und psychomotorisch, war für die Aufnahme eines genauen psychischen Status ein gutes Schema und gab dem Anfänger das Gefühl, ein vollständiges Bild der psychotischen inhaltlichen Veränderungen des Bewußtseins bekommen zu haben. Tatsächlich muß ich sagen, wenn ich in späteren Jahren eine Krankengeschichte aus jener Zeit vor Augen bekam, so ließ sich nicht verkennen, daß vor allem die akuten Psychosen eindringlicher und inhaltsreicher geschildert waren als anderwärts, weil immer nach all diesen Richtungen untersucht wurde, und weil nicht, wie damals häufig, unter dem Einfluß der Kraepelinschen Richtung nur unter der Alternative: manisch-depressiv oder dementia praecox untersucht wurde. Daß dabei die affektive Seite, der prämorbide psychische Habitus und der Verlauf häufig zu kurz kamen, war uns im Hinblick auf die damals sich durchsetzende Kraepelinsche Betrachtungsweise nicht fremd.

Ein besonderer Reiz der damaligen Assistentenzeit lag darin, daß man die Entstehung des Wernickeschen Lehrbuches richtig miterlebte. Unmittelbare Mitwirkung fiel uns, abgesehen von der Niederschrift der Krankengeschichten, beim Suchen nach charakteristischen Bezeichnungen für neue psycho-pathologische Phänomene zu. So stammt der Ausdruck: Merkfähigkeit für die Aufnahmefähigkeit für neue Eindrücke im Gegensatz zu dem alten Gedächtnisbesitz von Kemmler. Das Wort: Transitivismus für die Übertragung der Wahrnehmungen der eigenen psychischen Veränderung auf die Umgebung und manches andere entstammt den gemeinsamen Überlegungen mit den Assistenten bei den Krankenvisiten. Als besonders langdauernd ist mir in Erinnerung unsere Bemühung, für den Vorgang der Assoziationslösung, wie ihn Wernicke sich beim Zustandekommen der Sinnestäuschungen und der psychomotorischen Störungen vorstellte, eine treffende Bezeichnung zu finden, bis schließlich Heilbronner mit dem Worte: Sejunction den erlösenden Namen fand. Die innere Verwandtschaft mit dem späteren, umfassenderen von Bleuler geschaffenen Begriff der schizophrenen Störung liegt auf der Hand.

Die Eigenart des großstädtischen Aufnahmematerials, in dem sehr viel episodische, kurzdauernde exogene toxisch bedingte Störungen sich fanden, lenkte naturgemäß das wissenschaftliche Interesse diesem Gebiete zu. Die täglich zugehenden Alkoholdelirien legten es nahe, diese Erkrankung, die durch eine nach Symptomatologie und Verlauf klar charakterisierte Entwicklung sich auszeichnet, einer genauen Analyse zu unterziehen. Es war auch verlockend, mit den neuen histologischen Methoden an das Alkoholdelir heranzugehen. Die zahlreichen hirnpathologischen Fälle und die Einstellung der Klinik auf Hirnpathologie boten vielfache Hinweise, auch in den Psychosen die hirnpathologischen und lokalisatorischen Gesichtspunkte hereinzutragen. So suchte ich in meiner ersten psychiatrisch-wissenschaftlichen Mitteilung im Jahre 1894 innerhalb einer akuten Psychose die Erscheinungen der Seelenblindheit und Asymbolie aufzuzeigen. Der Kreis, in dem damals Wernicke und seine Assistenten ihre klinischen Anschauungen vorzutragen hatten, war der Ostdeutsche Verein für Psychiatrie, in dem sich die schlesischen und benachbarten Fachgenossen trafen. Ich selbst erinnere mich jenes ersten Vortrags besonders lebhaft, weil ich vorher innerlich einen Kampf mit meiner schwäbischen Scheu vor öffentlichem Sprechen zu führen hatte. Sie quälte mich damals so, daß ich mir fest vornahm, mich nie wieder in eine solche Situation bringen zu lassen. Da die Sache dann doch glimpflich verlief, habe ich den Vorsatz dann doch nicht durchgeführt. Immerhin hatte ich auch späterhin eigentlich vor jeder klinischen Vorlesung und vor allem vor notwendigen Ansprachen bei offiziellen feierlichen Gelegenheiten ein Gefühl des Unbehagens zu überwinden. Die Aufnahme, die jene Krankendemonstration bei den Kollegen aus den Provinzialanstalten erfuhr, war charakteristisch für die Einstellung zu der Wernickeschen Betrachtungsweise. Das Bild der Kranken mit ihrer Unfähigkeit, mit Gegenständen zu hantieren und sie optisch und taktil zu identifizieren, ist mir auch heute noch in der Erinnerung eindrucksvoll. Der Versuch, innerhalb eines Zustandes von Ratlosigkeit einen derartigen agnostisch-apraktischen Komplex herauszuschälen, fand keine Resonanz. Ich sehe noch die älteren Kollegen aus den Anstalten, wie sie diese hirnlokalisatorische Betrachtungsweise belächelten und auch für das methodologisch immerhin Neue, an einen solchen psychotischen Zustand mit einer Untersuchungsweise heranzugehen, die der Klinik der optisch-taktilen Störungen entnommen ist, kein Interesse zeigten.

Nachdem ich 1³/₄ Jahre an der Klinik tätig gewesen war, bekam ich von dem Ministerialreferenten für die württembergischen Anstalten eine Anfrage, ob ich in einer württembergischen Anstalt eine leitende Stelle übernehmen würde. Ich hätte mich dadurch finanziell von der Elternunterstützung unabhängig gemacht, was mir bis dahin bei einem Assistentengehalt von 80,— Mark bei freier Wohnung, aber ohne Verköstigung, nicht möglich war. Es war an sich verlockend, andererseits hatte ich aber die Befürchtung, mit dem Übergang in die württembergische Staatslaufbahn die Möglichkeit weiterer wissenschaftlicher Ausbildung zu verscherzen und vor allem klinisch und anatomisch auf den Gebieten, die das große Breslauer Material mir entgegenbrachte, nicht weiterarbeiten zu können. Wernicke, dem ich diese Angelegenheit vortrug, machte mir den Vorschlag, eine psychiatrische Hilfsarbeiterstelle im Medizinalkollegium der Provinz Schlesien zu übernehmen und ihn bei der Ausarbeitung der psychiatrischen Gutachten im Kollegium zu unterstützen mit der Aussicht, definitiv an seine Stelle zu treten, wenn er später die Gutachtertätigkeit im Medizinalkollegium, die ihn nicht interessierte, niederlegen würde. Der von ihm gestellte diesbezügliche Antrag wurde genehmigt, und ich wurde als psychiatrischer Hilfsarbeiter im schlesischen Medizinalkollegium vom Oberpräsidenten eingestellt. Eine kleine Remuneration von monatlich etwa 40,— Mark verbesserte etwas meine Finanzlage, reichte aber doch nicht aus, meine Eltern ganz zu entlasten. Damit war mein Verbleiben an der Klinik bis auf weiteres gesichert, und ich hatte das Gefühl einer gewissen Sicherheit und an meiner Stelle von meinem Chef immerhin geschätzt zu sein. Die Eigenart Wernickes, seine Assistenten arbeiten zu lassen, wie sie wollten, und sich kaum um das zu kümmern, womit sie sich beschäftigten, war für uns Assistenten im ganzen durchaus angenehm. Auf die Dauer hatte es aber auch etwas Beunruhigendes, weil man das Gefühl hatte, ganz sich selbst überlassen zu sein. Wernicke hatte bis dahin noch keinem seiner Assistenten den Vorschlag der Habilitation gemacht. Selbst Lissauer, der durch seine Arbeit über die Seelenblindheit und seine Arbeiten über stationäre Paralyse und die sogenannte „Lissauer'sche Randzone" unzweifelhaft den Nachweis wissenschaftlicher Befähigung erbracht hatte, war nicht zur Habilitation gekommen. Wernicke menschlich näherzukommen, war für die Assistenten schwierig, trotzdem seinerseits ohne Zweifel das Bemühen bestand, auch außerdienstlich sich ihnen gegenüber freundlich zu zeigen. So gab es einen regelmäßigen Turnus von Einladungen zum Mittagessen, zu dem wir uns etwa alle 4—6 Wochen an den Wintersonntagen zu stereotypem Rehbraten mit Rotkohl zusammenfanden. Mitunter wurde auch eine abendliche Bowle getrunken, bei der ziemlich viel konsumiert wurde und gelegentlich ein in der Toleranz schwach veranlagter Kollege vorzeitig zu Bett gebracht werden mußte. Wernicke war bei solchen Gelegenheiten kameradschaftlich, hatte mehr Sinn für Witz als für Humor. Feierliche Bonzenhaftigkeit lag ihm fern, er mokierte sich, wo er sie antraf. So war sehr häufig Virchow, den er während seiner Berliner Dozentenzeit von seinen unangenehmen Seiten kennen gelernt hatte, und auch Westphal, bei dem er Assistent war, Gegenstand seiner abfälligen Kritik. Hirnsektionen nach Virchow waren perhorresciert — „so schneidet man Käse", pflegte er zu sagen. Was man in dieser Hinsicht zunächst zu erlernen hatte, war die Meynert'sche Methode der Ablösung des Stamms vom Hirnmantel. Auch in der Beurteilung seiner Fakultätsgenossen war er kritisch. Man hatte den Eindruck, daß er unter ihnen eigentlich nur den alten Ophthalmologen Förster, bei dem er selbst kurze Zeit Assistent gewesen war, schätzte. Seine operativen Hirnfälle schickte er zu Kolaczek. Dort habe ich meine ersten Hirnoperationen gesehen. Für Mikulicz, den Chirurgen, und Kast, den inneren Kliniker, hatte er wenig übrig. Beide waren damals die gesuchtesten Konsiliarii in Schlesien und den östlichen Nachbargebieten. Für Kast's mehr auf das Praktische gerichtetes Arzttum, seine behagliche, souverän ironisierende süddeutsche Art, wie für die betriebsame Aktivität und den liebenswürdigen Charme des Österreichers Mikulicz's fehlte im wohl im Grunde das Organ. Das starke Selbstbewußtsein des eigene Wege gehenden Forschers ließ ihn auf Kollegen, die zufolge ihrer sozialen Qualitäten auch im gesellschaftlichen und öffentlichen Leben eine Stellung hatten oder suchten, herabsehen. Das schien ihm irgendwie mit seiner Auffassung vom Professor und Forscher unvereinbar. Von Wernicke habe ich zum ersten Mal den Begriff des „Salathundes" kennen gelernt. So charakterisierte er diejenigen Wissenschaftler, die zwar „selber keinen Salat fressen, aber auch nicht zulassen, daß ein anderer ihn frißt". Zu ihnen rechnete er vor allem die Pathologen, die selbst keine Gehirne bearbeiten, aber auch nicht haben wollen, daß ein anderer sie bearbeitet. Charité-Erfahrungen mit Virchow lagen dem wohl zu Grunde. Daß auch seine Beurteilung der engeren Fachgenossen an anderen Hochschulen, abgesehen von dem damals eben verstorbenen Meynert und vielleicht Hitzig, ziemlich geringschätzig war, habe ich schon erwähnt. Dem wachsenden wissenschaftlichen Einfluß Kraepelin'scher Betrachtungsweise stand er ablehnend gegenüber. Die flüssige hirnpathologisch unbeschwerte und von Auflage zu Auflage sich ändernde Darstellung Kraepelin's erschien ihm feuilletonistisch. Die wissenschaftlichen Kongresse mied er damals, nachdem er in einem gemeinsam mit Strümpell erstatteten Referat über Hysterie kein Verständnis für seine Auffassung gefunden hatte. Die fehlende Resonanz bei den Fachgenossen verstärkte seine absprechende Beurteilung, führte aber keineswegs zu irgendeinem Zweifel daran, daß der wissenschaftliche Weg, den er ging, der richtige war. Er pflegte zu sagen, die Hauptsache bei der wissenschaftlichen Arbeit sei, sich an einer Stelle tief einzugraben, von da aus ergäben sich die weiteren Zugänge zu den allgemeineren Fragen von selbst. Für ihn war diese Fundstelle seine klinisch-anatomische Entdeckung der sensorischen Aphasie. Die von ihr abgeleitete Theorie der „transkortikalen" psychosensorischen, intrapsychischen und psychomotorischen Störungen eröffnete nach seiner Überzeugung den sicheren Zugang zum hirnpathologischen Verständnis der Psychosen. Die Konsequenz seines wissenschaftlichen Forschungsgangs ist innerhalb der Geschichte unseres Fachs ohnegleichen. Es ist ein systematischer, gradliniger Weg mit dem Ziel der Lokalisation im Nervensystem, der von der peripheren Neurologie ausging — es ist den wenigsten bekannt, ein wie ausgezeichneter Kenner der Muskelfunktionen und ihrer Ausfallserscheinungen er war, daher seine Wertschätzung Duchenne's und dessen Übertragung ins Deutsche —, dann zur organischen Rückenmarks- und Hirnpathologie bis zu dem obersten Stockwerk aufstieg, als das ihm die lokalisatorische Betrachtung der Psychosen in der Hirnrinde erschien. Wie sehr ihm seine psychiatrische Arbeit Lebensinhalt und letzte Aufgabe war, erwies sich späterhin in seiner Haltung in den letzten Lebenstagen, als ihm nach seinem Unglücksfall die schwere Brustquetschung, die er erlitten hatte, kaum mehr zu atmen gestattete. Mit einer bewundernswerten Konzentration seines Willens diktierte er, alles andere hintansetzend, an der zweiten Auflage seines Lehrbuches, bis ihm die Sprache versagte.

Zeugen dieser charakterologisch bemerkenswerten Energie unseres Chefs waren wir Assistenten in jener Zeit Mitte der 90er Jahre auch auf anderem Gebiete. Wernicke, der damals etwa 47 Jahre alt und seit kurzem verheiratet war, beschloß, körperlich etwas für sich zu tun und sich musikalisch auszubilden. Er war körperlich nicht geschickt und hatte diese Seite bis dahin vernachlässigt, abgesehen davon, daß er in den großen Ferien, von mehreren Führern geleitet, hochtouristische Versuche machte, die unser sportbeflissener Oberarzt Hahn etwas belächelte. Wernicke fing an, Schlittschuh zu laufen, Rad zu fahren und Klavier zu spielen. Zum Klavierspiel wurde Heilbronner, zum Schlittschuhlaufen der städtische Oberarzt Hahn als Begleiter und Instruktor herangezogen. Mit selbstverständlicher Unbefangenheit wurde über ihre Zeit verfügt, nicht immer zur Freude der Beteiligten, vor allem des Klavierbegleiters. Uns Schwaben, Gaupp und mich, ließ er unbehelligt, was mir lieb war, da ich beim Schlittschuhlaufen auf der Eisbahn des Schweidnitzer Stadtgrabens in jener Zeit andere Interessen hatte. Das Bild des steifgliedrigen, mit überhängendem Oberkörper, an der Hand Hahn's schlittschuhlaufenden Wernicke steht mir noch deutlich vor Augen, und ich bin den Gedanken nicht losgeworden, daß diese späteinsetzende und etwas unglückliche sportliche Bemühung vielleicht sein tragisches Ende, als er bei einer Radtour von einem Lastwagen überfahren wurde, verursacht hat.

Mit dem Fortschreiten seines psychiatrischen Lehrgebäudes, wie es in seinem Lehrbuch zum Ausdruck kommt, stellte sich bei Wernicke auch das Bedürfnis ein, in eigenen wissenschaftlichen Organen die Arbeiten seiner Klinik bekanntzugeben. Das führte zunächst zur Herausgabe der psychiatrischen Abhandlungen bei Schletter in Breslau, Abhandlungen, die bei der geringen Reichweite des Verlags ziemlich unter Ausschluß der Öffentlichkeit erschienen. Im Jahre 1896 kam es dann zur Gründung der Monatsschrift für Psychiatrie und Neurologie bei Karger. Als erste Arbeit im ersten Heft ließ Wernicke zu meiner Freude eine Untersuchung von mir über die Lokalisation der choreatischen Bewegungen veröffentlichen. Es war eine Arbeit, in der an der Hand klinisch-anatomischer Befunde abweichend von der damals herrschenden Neigung, alle zentralmotorischen Störungen auf die Pyramidenbahn zu beziehen, der Nachweis versucht wurde, die Ursache der choreatischen Bewegungsstörung in einer Schädigung der in den vorderen Kleinhirnschenkeln rindenwärts verlaufenden Bahnen und ihres Zusammenwirkens mit der motorischen Rinde zu sehen. Wernicke zeigte Interesse für diese Auffassung.

Ich hatte bis dahin den Gedanken der akademischen Laufbahn niemals ernsthaft erwogen. Es schien mir nicht, daß ich die erforderlichen Qualitäten dazu besaß; es hatte sich bis dahin auch noch nie ein Assistent der Klinik habilitiert. Ich war deshalb überrascht, als Wernicke — es war wohl Ende 1896 oder Anfang 1897 — mir den Vorschlag der Habilitation machte. Das darin liegende Vertrauen meines Chefs beschwichtigte meine Bedenken, und ich setzte mich an die Fertigstellung einer klinischen Studie über den Geisteszustand des Alkoholdeliranten, mit der ich seit längerer Zeit befaßt war. Da ich den Eindruck hatte, daß meine Assistentenzeit sich dem Abschluß näherte, da Wer-

nicke die Gepflogenheit hatte, sich der Assistenten spätestens nach 5jähriger Tätigkeit
zu entledigen, beeilte ich mich, so daß ich die Arbeit im Laufe des Sommers 1897 vor-
legen konnte. Ich hatte dabei den Eindruck, daß sie Wernicke fast unerwünscht früh
kam und er den Habilitationsgedanken mehr als eine Art späterer Zukunftsperspektive
für mich gedacht hatte, ähnlich, wie seinerzeit die Aussicht auf eine definitive Ratstelle
im Medizinalkollegium. Immerhin, die Arbeit hatte seinen Beifall, wurde in seiner
Wohnung besprochen und feierlich mit einer Flasche Wein begossen.
Der Wunsch, auf eigene Füße zu stehen zu kommen, begann im Laufe des Jahres 1896
eine bestimmte Richtung anzunehmen. Es kam mir durch den Regierungsmedizinalrat
Alexander, mit dem ich durch die Medizinalkollegiumstätigkeit in Berührung kam und
der sich mir immer freundlich zeigte, zu Ohren, daß das Innenministerium beabsichtigte,
eine Beobachtungsstation für geisteskranke Gefangene an das Strafgefängnis in Breslau
anzugliedern. Ich interessierte mich für eine solche Tätigkeit, die zum mindesten für
einige Jahre ein interessantes Beobachtungsfeld eröffnen konnte. Wernicke war gerne
bereit, sich bei dem Dezernenten des Gefängniswesens im Innenministerium, Krohne,
für mich einzusetzen. Ich benützte die Gelegenheit eines Reisestipendiums, das aus
einer städtischen Stiftung älteren Assistenten gewährt wurde, Irrenanstalten und Straf-
vollzugseinrichtungen Belgiens und Frankreichs zu besuchen, wobei mich Krohne mit
seinen Empfehlungen unterstützte. Durch den Bericht, den ich über diese Reise zu
erstatten hatte, hoffte ich eine gewisse Legitimation für die Bewerbung um die neu-
zuschaffende Stelle zu haben. Anschließend an die Besichtigung der belgischen Anstalten, von denen mir Mons mit seinem Direktor Morel in liebenswürdiger Erinnerung
ist, besuchte ich die Pariser Kliniken, vor allem Magnan und Déjérine. Des letzteren
Interesse galt damals besonders der hypnotischen Behandlung, wohl angeregt durch
seinen damaligen Mitarbeiter Oskar Vogt, doch war es ihm wichtig, mir als Wernicke-
Schüler zu zeigen, daß Störungen des Wortverständnisses nicht ausschließlich an die
Wernicke'sche Stelle gebunden seien, sondern auch bei motorischer Aphasie vorkämen.
Bei diesen Besuchen ausländischer Kliniken machte sich mir als sehr störende Hemmung
meine unzulängliche gymnasiale Vorbildung in fremden Sprachen bemerkbar. Leider
habe ich damals, wo es noch Zeit gewesen wäre, nicht die Lehre daraus gezogen, diese
Lücke noch durch geeigneten Unterricht auszufüllen, so daß ich mein Leben lang bei
den vielen Anlässen, die vor allem der Berliner·Aufenthalt ergab, mit Ausländern
zusammenzukommen, das unangenehme Gefühl ungenügender Verständigungsmög-
lichkeit nicht los wurde. Ich habe mich aber späterhin bemüht, einen solchen Mangel
bei meinen Kindern nicht auch in Erscheinung treten zu lassen.

Dem in jener Zeit mich beschäftigenden Bestreben, auf eigene Füße zu stehen zu kommen, lag nicht allein der natürliche Wunsch des älteren Klinikassistenten nach Selbständigkeit zugrunde. Es war etwas Neues in meinen Gesichtskreis getreten. Im Hause des Physikers Oskar Meyer, an den ich durch seinen Bruder Lothar in Tübingen empfohlen war, traf ich an einem der dortigen Abende, die ich bis dahin selten besucht hatte, im Winter 1896 ein blondes, blauäugiges, junges Mädchen, das mich schon beim ersten Eintreten ins Zimmer durch ihre freie natürliche Haltung, ihren offenen unbefangenen Blick in einer Weise gefangennahm, daß mir dieser Augenblick des erstens Sehens meiner späteren Frau als ein fast mystischer, lebensentscheidender Eindruck in der Erinnerung steht. Wir freundeten uns an diesem Abend rasch an, und meine bis dahin auf die Klinik und einige alte Tübinger Genossen zurückgezogene Lebensweise änderte sich. Ich begleitete morgens meinen Chef zum Schlittschuhlaufen auf den Schweidnitzer Stadtgraben, wo sie, wie ich wußte, zu treffen war, machte Besuche in Häusern, wo wir uns sahen. Vor allem war es das Haus des Zoologen Chun, der damals seine Tiefsee-Expedition vorbereitete. Seine Frau Lilly war eine Tochter von Karl Vogt, zu der ich durch die Tafel'schen Verwandten aus der Zeit der Exilierung ihres Vaters in der Schweiz Beziehungen hatte. Die uns hier mit großer Liebenswürdigkeit entgegengebrachte Gastlichkeit nahmen wir mit der harmlosen Selbstverständlichkeit verliebter Jugend entgegen. Wir trafen uns dort anschließend an die Schulstunden, die sie den Chun'schen Töchtern gab, oder auch abends, wo sich öfters eine vergnügte Gesellschaft von jungen Leuten, Dozenten und Professoren zusammenfand. Die Hausfrau verstand es, mit ihrer natürlichen Grazie und in ihrem unbefangenen Ignorieren von Rangordnungen und akademischer Hierarchie auch aus steifleinenen Ordinarien den natürlichen Menschen wenigstens für einen Abend herauszuholen. Besondere Freunde des Hauses waren der Chirurg Mikulicz, Felix und Therese Dahn, mit denen wir uns so auch nahe kamen. Therese Dahn sah allerdings zunächst etwas mißgünstig auf meine Bemühungen um ihre junge Freundin, weil sie selbst sehr an ihr hing und sehen mußte, daß der regelmäßige Lateinunterricht, den sie ihr gab, unregelmäßig und das Interesse an der alten Sprache geringer wurde. Sie hielt es sogar für nötig, sie etwas vor dem jungen Doktor zu warnen, der ihre Kreise störte und ihr vielleicht in dem ausgelassenen Chun'schen Milieu nicht ernst genug erschien. Wir sind dann aber doch bald gute Freunde geworden, und wir haben mit Felix Dahn und seiner Therese manches hübsche Fest verbracht und manche Flasche Salvator mit ihm getrunken.
Dieses letzte Jahr in der Klinik war ziemlich bewegt. Die Arbeit an der Habilitationsschrift, anatomische Untersuchungen über die Pathologie der akuten alkoholistischen

Erkrankungen, der Krankendienst auf der Abteilung, den man ohne Volontäre und Famlui zu bewältigen hatte, die gutachtliche Tätigkeit im Medizinalkollegium, die Wernicke mir ziemlich allein überließ, und vor allem der Wunsch und die Notwendigkeit, mich selbständig zu machen, um mir die Möglichkeit zur Gründung des Hausstandes zu schaffen, das alles kam zusammen. Es fehlten natürlich auch nicht die Besorgnisse, daß nach dem Ausscheiden aus der Klinik — das einzige, was feststand — die Habilitation und die Erlangung der Beobachtungsstation vielleicht sich doch nicht verwirklichen lassen würden. Der Gedanke, mich einfach als praktizierender Nervenarzt niederzulassen und mir so eine Existenz zu schaffen, war mir nach der langen klinischen Tätigkeit sehr wenig sympathisch. Aber man war jung, und die Hoffnung überwog die Bedenken so sehr, daß ich noch im Herbst 1897 mit Gaupp und Mann zusammen eine schöne Reise über Pest, Fiume, die dalmatinische Küste entlang über Zara, Sebeniko und Spalato nach Ragusa machte. Ich lernte damals zum ersten Mal den Süden und das Meer kennen. Das Bild, als wir am frühen Morgen über den Karst herunterfuhren und unter uns die blaue Adria lag, ist mir unvergeßlich. Ragusa lag damals noch außerhalb der üblichen Reiseroute der nach dem Süden fahrenden Deutschen und war von einer erfreulichen Unberührtheit. Man nächtigte um billiges Geld in einem Privatlogis, stolperte beim nächtlichen Nachhausekommen über den Wirt, der der Wärme wegen vor dem Hause auf der Erde schlief. Man verständigte sich mit der Wirtin, die nur serbokroatisch verstand, mit Gesten. Man lebte von Hammelfleisch, Feigen und Melonen und trank den tiefdunkeln dalmatischen Rotwein. Den Tag über lag man in dem verwilderten Park der gegenüberliegenden Insel Lacroma am Meer und im Wasser, genoß den herrlichen Anblick der gegenüberliegenden, am Berg sich hinziehenden alten befestigten Stadt, freute sich an dem Duft der südlichen Vegetation und dem unbekannten Getier, das sich im Wasser und an den Klippen fand. Eine Fahrt ins Land nach Trebinje zeigte uns die erste Moschee und türkische Händler auf dem Markt. Während wir uns dem Eindruck hingaben, inmitten orientalischen Lebens uns zu befinden, war es eine starke Enttäuschung, als uns beim Betreten des Wirtshauses der befrackte Kellner auf deutsch saure Nieren und geröstete Kartoffeln zu essen empfahl. Auf der Rückreise blieben wir noch in Pest, hatten einen hübschen Abend auf der Margareteninsel und eine böse Nacht in dem Hotel ersten Ranges durch Wanzen. Besonders erholsam waren daraufhin tags darauf die schönen Thermalbäder in Ofen.

Nach der Rückkehr galt es, sich auf das Kolloquium und die Antrittsvorlesung vorzubereiten. Beides nahm dann seinen geordneten Verlauf. Im Fakultätskolloquium, in dem vor allem Heidenhain gefürchtet wurde, kam es, soweit ich mich erinnere, zu keiner Diskussion, da Wernicke keine Fragen stellte — er legte auf Kürze der Fakultätssitzungen besonderen Wert — und die übrigen von dem psychiatrischen Thema nichts verstanden. Bei der Thesenverteidigung waren Gaupp und Heilbronner die Opponenten. Es war, wie üblich, ein vorbereitetes Frage- und Antwortspiel. Ende Oktober schloß der Akt mit der Antrittsvorlesung über den Stand der pathologischen Anatomie der Geisteskrankheiten.

Die beiden letzten Monate in der Klinik bis zu meinem Ausscheiden am 1. Januar 1898 gehörten im wesentlichen der Vorbereitung der künftigen Lebensgestaltung und der Loslösung aus dem Klinikbetrieb, dem ich schon etwas zu entwachsen begann, da auch meine alten Mitassistenten, von denen Gaupp und Heilbronner mir am nächsten standen, die Klinik verließen. Gaupp hatte die Klinik mit der Poliklinik und einer neurologischen Tätigkeit an der Landesversicherungsanstalt getauscht, Heilbronner war im Begriff, an die Hallenser Klinik zu Hitzig überzusiedeln. Mit den Neuhinzugekommenen hatte sich zwar auch ein angenehm kollegiales Verhältnis entwickelt, man war sich aber doch noch nicht so nahe gekommen. Paul Schröder, der mich später nach Königsberg und wieder nach Breslau als Oberarzt begleitete, arbeitete sich damals im Laboratorium als Nachfolger von Heinrich Sachs ein und bedurfte etwas der Stützung, wenn ihn bei der Bearbeitung des Wernicke'schen Hirnatlas leicht depressive Insufficienzgefühle anwandelten. Der andere, Siegfried Kahlbaum, der Sohn des von Wernicke geschätzten Görlitzer Psychiaters mit seinem sympathischen liebenswürdigen Phlegma war nie ein Spielverderber. Die Gewissenhaftigkeit, die er später als Leiter seiner angesehenen Anstalt bewies, zeigte er schon damals als Assistent der Klinik. Später in seiner Görlitzer Anstalt war er der treue Verwalter der klinischen Tradition seines Vaters. Zu der von ihm beabsichtigten zusammenfassenden Darstellung des wissenschaftlichen Nachlasses seines Vaters ist er leider nicht mehr gekommen.

Der Abschied von der Klinik wäre mir wahrscheinlich schwerer geworden, wenn nicht die Gestaltung der nächsten Zukunft vor mir gestanden hätte. In späteren Jahren habe ich oft mit einer gewissen Sehnsucht an jene Zeit zurückgedacht, als man ohne jede äußere Behinderung, ohne begleitenden Assistententroß und ohne den Zwang, das Vorlesungsmaterial zusammenzusuchen, in aller Ruhe mit seinem Kranken im Untersuchungszimmer zusammen war und hoffte, durch die Exploration der Aufhellung der Bewußtseinsvorgänge und dem Mechanismus des pathologischen Hirngeschehens näher zu kommen und die ersten Entdeckerfreuden bei dem Auffinden innerer klinischer Zusammenhänge erlebte.

Kurz vor meinem Abgang aus der Klinik wurde ich auf das Innenministerium nach Berlin zitiert. Dort wurde mir von dem Dezernenten für das Gefängniswesen Krohne die Stellung als Leiter der Beobachtungsstation für geisteskranke Gefangene für den 1. März 1898 zugesagt. Ich habe diesen Tag als einen besonderen Glückstag in Erinnerung. Ich fuhr sofort nach Breslau zurück, um gleich tags darauf zu meinem künftigen Schwiegervater zu eilen, um ihn um seine Tochter, mit der ich natürlich schon einig war, zu bitten. Ich muß bei diesem feierlichen Akt vielleicht nicht ganz deutlich gewesen sein, vielleicht traute der Schwiegervater auch seinem schon damals nicht mehr ganz scharfen Gehör nicht ganz, jedenfalls kam zunächst nicht das erwartete Ja, sondern eine ausweichende Antwort über das Ergehen seiner Frau, nach der ich mich meines Wissens nicht speziell erkundigt hatte. Etwas in Verlegenheit gesetzt, nahm ich einen zweiten Anlauf und gelangte nun zum Ziel. So wurde der 17. Dezember 1897 unser Verlobungstag, der am Abend mit der letzten Flasche des Jubiläumsweins vom Feste des 90. Geburtstages des Jenaer Großvaters, des Kirchenhistorikers, ausklang. In der Übergangszeit bis zu unserer Verheiratung am 5. März 1898 und der Übernahme der neuen Stellung wohnte ich im gastlichen Chun'schen Haus und arbeitete noch etwas in der Nervenpoliklinik mit, das letztere wohl nicht ganz zur Zufriedenheit meiner Mitarbeiter, die meine Unregelmäßigkeit im Kommen und Gehen für den Betrieb wahrscheinlich nicht gerade als förderlich empfanden. Ich ließ mich dadurch nicht anfechten, brachte meine Rosen nach der Gartenstraße oder fuhr nach Kleinöls, wo die Verlobte bei der Tante Helene York den Haushalt lernte. Man nimmt in dieser eingeengten Geistesverfassung des Verliebten mit naiver Selbstverständlichkeit die Dienste der Umwelt für sich in Anspruch. Ebenso unbedenklich, wie ich in der Poliklinik, wenn es mir geboten schien, den anderen die Arbeit überließ, kam ich in dieser Zeit alltäglich und abendlich ins Chun'sche und ins schwiegerelterliche Haus, ohne daran zu denken, daß diese vielleicht doch auch einmal gerne allein gewesen wären. Erst viel später, als wir selbst junge Paare im Hause hatten, ist mir das klar geworden, und ich mußte an die Gepflogenheit meines Schwiegervaters denken, um 10 Uhr aus seinem Zimmer zu kommen und mit dem Hausschlüssel in der Hand einen Wink zum Aufbruch zu geben. Auf derselben Ebene einer naiven Egozentrizität lag es, daß ich meine Tätigkeit mit einem Urlaub von 3 Wochen begann für Hochzeit und Hochzeitsreise, was mir von dem zur Vertretung bestellten Kreisarzt übel vermerkt wurde, uns aber die Freude an den schönen Wochen in Wien nicht trübte.

5 Jahre Arzt der Beobachtungsstation für geisteskranke Gefangene in Breslau

Ich war nun zum ersten Mal in eine selbständige Stellung gelangt. In ärztlicher Beziehung empfand ich das kaum als etwas Neues, da wir bei Wernicke gewohnt waren, unsere Station selbständig zu führen. Die Irrenabteilung war eine Neugründung, angeschlossen an das dortige neugebaute Strafgefängnis. Das Gefängniswesen unterstand damals dem Innenministerium. Der Dezernent Dr. Krohne war bemüht, es wissenschaftlich und humanitär zu durchdringen. So war der Ton bei den maßgegeben Instanzen, Gefängnisdirektor und Oberin der Frauenstation erfreulich verständig und wissenschaftlichen Wünschen durchaus zugänglich. Ich habe da stets Entgegenkommen gefunden.

Es war mir klar, als ich aus dem Rahmen der Universitätsklinik ausschied, daß ich mich in ein eingeengtes Arbeitsfeld hereinbegab und vielleicht auf akademisches Weiterkommen verzichten mußte. Es war mir aber von großer Wichtigkeit, meine junge Ehe nicht mit der Sorge, eine nervenärztliche freie Praxis zu bekommen, zu belasten. Die Remuneration, die ich vom Staate bekam, war eine bescheidene aber auskömmliche Grundlage zur Bestreitung des Haushalts. Was durch freie nervenärztliche Praxis nebenher einging, war eine erfreuliche Zugabe. Es war in unserem ersten Ehejahr immer ein kleines Fest, wenn wir die Sachverständigengebühren in der Schweidnitzer Straße bei Hansen in Forellen und Rebhuhn anlegten. Später, als die Kinder kamen, ergab sich von selbst eine andere, auf die Zukunft gerichtete wirtschaftliche Einstellung.

Die Beobachtungsabteilung, die für etwa 40 Betten eingerichtet war, war rasch voll belegt. Die ärztliche Betreuung lag mir neben der ärztlichen Versorgung des Männer- und Frauengefängnisses allein ob. Das war mir nichts Ungewohntes, da wir damals auch an der Universitätsklinik ohne Unterärzte und Volontärärzte den Betrieb bewältigen mußten. Ich hatte einige in der Geisteskrankenpflege geübte Wärter und für Reinigungs- und Aufräumearbeiten eine Anzahl Gefangener. Im zweiten Jahr meiner Tätigkeit bekam ich in Dr. Schwarzschulz eine Hilfskraft, der vor allem den allgemeinen Krankendienst im Haupthause besorgte.

Ein erheblicher Teil der eingewiesenen Patienten entstammte den oberschlesischen Strafanstalten und ich sah bald, daß ich an dem neuen Krankenbestand manches Interessante noch lernen konnte. In der Klinik hatte in jenen Jahren unsere Hauptbetätigung dem Studium der akuten Psychosen gegolten; hier kamen diese natürlich auch vor, aber in einer bis dahin nicht gekannten Häufigkeit lernte ich hier Krankheitszustände kennen, in denen Konstitutionelles und Psychogenes zu oft komplizierten und nicht einfach zu beurteilenden Stupor- und paranoiden Zustandsbildern sich gestaltete. Einiges davon habe ich späterhin in einer Studie über Degenerationspsychosen unter besonderem Hinweis auf die eigenartige Labilität des Persönlichkeitsbewußtseins bei gewissen degenerativen Typen beschrieben. Das Material bot eine ausgezeichnete Gelegenheit, den Blick für das Psychogene im Aufbau der Krankheitsbilder zu schärfen.

Die Anstalten schickten begreiflicher Weise mit Vorliebe auch unbequeme Patienten, sogenannte wilde Männer, die oft vielfache Disziplinarstrafen hinter sich hatten, abnorme Charaktere, querulierende und aufhetzerische Psychopathen mit mehr oder weniger paranoider Einstellung gegen die Anstaltsbeamten und die Gerichte. Im ganzen war es nicht schwer, mit ihnen auszukommen. Nur ein einziges Mal kam es zu einer ernsthaften Revolte unter Führung eines alten vielfach vorbestraften erregbaren Psychopathen. Die Kranken hatten ihre Schlafräume verbarrikadiert, die Bettstellen auseinandergerissen, sich mit den eisernen Bettpfosten bewaffnet und in drohender Haltung Aufstellung genommen. Der Gefängnisdirektor ließ die Feuerspritzen auffahren, um die Leute unter Wasser zu setzen und dadurch mürbe zu machen. Ehe das in Szene ging, war ich angekommen. Es lag mir daran, Gewaltmaßregeln zu verhindern und die Sache durch psychische Einflußnahme in Ordnung zu bringen. Tatsächlich hatte es keine große Schwierigkeit, die Leute zum Weglegen ihrer Eisenstäbe und zum Wegräumen ihrer Barrikaden zu bewegen. Sie hatten schon selbst Angst vor ihrer Courage bekommen und waren froh, als ich dem Rädelsführer klar machte, daß er ein sinnloses Unternehmen in Szene gesetzt habe und daß ich dafür sorgen werde, daß die Sache keine weiteren Folgen haben werde, als daß er sich die Sache für einige Zeit in der Einzelzelle zu überlegen habe. Ich habe in der Folgezeit nichts Ähnliches mehr erlebt entgegen der Voraussage der Verwaltungsleute, die mir die Wiederholung ähnlicher Vorfälle prognosticierten, wenn nicht mit energischen Mitteln eingeschritten würde.

Bei der Übernahme der Abteilung hatte ich mir ausbedungen, meine Kranken zum akademischen Unterricht heranziehen zu dürfen, was ohne weiteres gewährt wurde. So begann ich meine Dozententätigkeit mit einem psychiatrischen Demonstrationskurs an meinen Kranken. Die Abteilung war weit von den klinischen Instituten entfernt und insofern für die ohnehin stark belasteten Mediziner nicht günstig gelegen. Es fand sich aber doch bald ein Kreis älterer Mediziner und auch Juristen, die sich für das Gebiet interessierten, so daß sich die Vorlesung allmählich einbürgerte. Ein

Publikum über Alkoholismus, das ich in der Universität las und das sehr besucht war, enttäuschte wahrscheinlich viele, die eine Vorlesung im Sinne der damals von zahlreichen Psychiatern propagierten Abstinenzbewegung erwarteten. Ich konnte mich nicht zu der von diesen verfochtenen These, daß die Mäßigkeit der Schrittmacher zur Sucht sei, bekennen. Sie schien mir nur gültig für eine relativ kleine Psychopathengruppe und auf die Allgemeinheit angewendet eine Übertreibung. Auch der Nachweis, daß der Alkohol im psychologischen Experiment auch schon in kleinen Dosen die geistige Konzentrationsfähigkeit herabsetzt, schien mir kein Grund, die Totalabstinenz anzustreben, da der Mensch ja nicht jederzeit auf dem Gipfel seiner intellektuellen Möglichkeiten zu stehen braucht und die stimmunghebende Wirkung des Alkohols unter Umständen wichtiger sein kann als die geringfügige Minderung der Konzentrationsfähigkeit durch kleine Alkoholmengen. Als sozialpädagogische Maßnahme war der Ruf nach Totalabstinenz in jener Zeit des ausgehenden letzten Jahrhunderts nicht unwichtig im Hinblick auf die damals in weiten Kreisen der arbeitenden Bevölkerung übliche Gepflogenheit, täglich gewissermaßen als Teil der Ernährung mehrfach größere Mengen Schnaps zu trinken. Diese Mengen führten mit ziemlicher Sicherheit zum Alkoholismus, der sich dann bei irgendwelchen kleinen körperlichen Störungen in dem Ausbruch alkoholistischer Psychosen, vor allem dem damals so häufigen delirium tremens äußerte. Schon die mit Alkoholentziehung verbundene Veränderung der Ernährung konnte, wie ich im Gefängnis bei frisch Eingelieferten, körperlich Abgekommenen, feststellen konnte, zum Ausbruch des Deliriums führen, so daß die damals geläufige Auffassung, daß die plötzliche Entziehung des Alkohols bei der Krankenhausaufnahme keine Bedenken habe, doch nicht ohne Einschränkung Geltung behalten konnte.

Das psychiatrische Interesse wurde bald durch die in den normalen Strafvollzug eingelieferten Delinquenten wachgerufen. Der Zugang an Bettlern, Vagabunden, Prostituierten, rückfälligen Eigentums- und Roheitsdelinquenten war sehr groß. Bei ihrer Untersuchung ergab sich bald, daß sich innerhalb dieser Kategorien in großem Ausmaß psychische Krankheits- und Defektzustände fanden. — Es erschien mir wichtig, durch größere Reihenuntersuchungen festzustellen, in welchem Umfange und in welcher Verteilung sich pathologische Typen bei diesen Eingelieferten feststellen ließen. Die Zahlen, die sich dabei ergaben, waren überraschend groß. Ich setzte mir die Aufgabe, die gesamten Zugänge von mehrfach rückfälligen Strafgefangenen im Laufe der Jahre von psychiatrischen Gesichtspunkten aus durchzuuntersuchen. Ich begann mit einer Reihenuntersuchung von etwas über 400 Bettlern und Vagabunden und 190 Prostituierten. Die Absicht, Gewohnheitsdiebe und Betrüger, rückfällige Körperverletzer und Sittlichkeitsdelinquenten in ähnlichem Umfange zu untersuchen, konnte ich nicht zu Ende führen, da mir das Material nach meinem Weggang von Breslau nicht mehr zu Gebote stand. Nur die Resultate von je 50 rückfälligen Körperverletzern und Sittlichkeitsdelinquenten konnte ich noch mitteilen. Das Ergebnis war bei allen 4 Kategorien, daß sich etwa $^2/_3$ als psychisch defekt oder abnorm erwiesen. Den Hauptanteil stellten der angeborene Schwachsinn, der Alkoholismus, die Epilepsie und Psychopathien epileptoiden Charakters, bei den einzelnen Gruppen in verschiedener Verteilung. Ausgesprochene Geisteskrankheiten traten im Ganzen zurück. Die Sittlichkeitsdelinquenten hoben sich durch eine stärkere Beteiligung der Epilepsie, des Alkoholismus und des körperlichen Mißwuchses hervor. In der von Liszt'schen Zeitschrift für die gesamten Strafrechtswissenschaften und der Monatsschrift für Kriminalpsychologie und Strafrechtsreform wurden die Ergebnisse mitgeteilt. Es war die Zeit, als Lombrosos Aufstellung des „Delinquente nato" und der geborenen Prostituierten im Publikum und in der Wissenschaft von sich reden machten. Aus der psychiatrischen Analyse ergab sich, wie mir schien, in überzeugender Weise, daß es sich bei den von Lombroso gemeinten Typen nicht um anthropologische Varietäten, sondern um pathologische Defektzustände handelt, bei denen die spezielle kriminelle Äußerungsform durch die Art des psychischen Defektes und zu einem wesentlichen Teil durch Umwelteinflüsse ihre Richtung bekommt. Ob sich ein imbeziller oder ein haltloser Psychopath nach der Seite des Gewohnheitsdiebs, der Bettelei, des Alkoholismus oder der Prostitution entwickelt, ist nicht naturgegeben, sondern wird durch die Zufälligkeiten der Lebensentwicklung bestimmt. Auch für die in jener Zeit viel besprochene Frage der strafrechtlichen Sonderbehandlung der vermindert Zurechnungsfähigen waren die Ergebnisse von einer gewissen Bedeutung. Die Feststellung, daß diese pathologischen Typen, die doch unter den Begriff der verminderten Zurechnungsfähigkeit fielen, in solchen Zahlen in den gewöhnlichen Strafanstalten sich fanden, ließ die Forderung, daß vermindert Zurechnungsfähige generell in Sonderverwahr- und Heilanstalten gehören, von vornherein als praktisch undurchführbar erscheinen. Es konnte sich nur darum handeln, innerhalb des Rahmens der vermindert Zurechnungsfähigen besonders schwierige und aussichtslose Elemente und solche, die versprachen, durch besondere Maßnahmen zu einer sozialen Lebensführung zurückgeführt zu werden, in eine Sonderbehandlung in geeignete Anstalten zu verbringen.

Bemerkenswert und als ein kleiner Lichtblick vom Standpunkt der Auslese ergab sich bei der Untersuchung des Bettler- und Vagabundenmaterials, daß, entgegen der häufig

vertretenen Meinung, daß die Fortpflanzung im Umkreis der angeborenen Defektzustände besonders groß sei, eine ausgesprochene Aussterbetendenz bestand.

Die Beschäftigung mit diesem Sammelbecken sozial gescheiterter Existenzen hätte auf
die Dauer die Gefahr einer allzu einseitigen wissenschaftlichen Entwicklung und einer
Entfernung von meinem hirnpathologischen Interessengebiet mit sich bringen können. Durch die Fortführung früher begonnener klinischer Arbeiten, durch die freie
nervenärztliche Tätigkeit und durch die Möglichkeit, an der chirurgischen und inneren
Klinik neurologische Fälle zu untersuchen, suchte ich den Umkreis meiner klinischen
Betätigung zu erweitern. Ich denke in dieser Beziehung mit besonderer Dankbarkeit
an den Chirurgen von Mikulicz, der mir in jener Zeit hirnpathologisches Operations-
material zur neurologischen Untersuchung zur Verfügung stellte. Mikulicz machte
damals den Versuch, die Epilepsie durch Skarifikationen der obersten Rindenschichten
der Zentralregion zu beeinflussen. Es wurden dadurch vorübergehende Ausfallserscheinungen hervorgerufen, deren Studium Einblick in die Lokalisation der Sensibilität
in der Rinde und in die Rückbildung der Wortstummheit gab. Auch durch Kast wurde
mir in der inneren Klinik Gelegenheit gegeben, ungewöhnliche hirnpathologische Fälle
und symptomatische Psychosen zu sehen.

Diese Möglichkeit, im Zusammenhang mit dem Gesamtfach der Neurologie und
Psychiatrie zu bleiben, war mir besonders erwünscht, da sich das Verhältnis Wernik-
kes zu mir aus einem besonderen Anlaß in bedauerlicher Weise verändert hatte. Meine
Hilfsarbeitertätigkeit im Medizinalkollegium ging nach meinem Ausscheiden aus der
Klinik zunächst unberührt weiter. Sie war nach der Anstellungsverfügung, wie nach
der ursprünglichen Abmachung mit Wernicke nicht an die Assistentenstellung gebunden. Ich war deshalb überrascht, als Wernicke eines Tages mir mitteilte, daß er die
Stelle einem seiner jetzigen Assistenten übertragen lassen wolle. Mein Hinweis auf
die alte Abmachung vom Jahre 1894, auf die Anstellungsurkunde und auf meine
Besorgnis, daß es für meine noch junge Stellung als Leiter der Beobachtungsstation
und psychiatrischer Gutachter bei Gerichten abträglich wäre, wenn mir die Stellung
im Medizinalkollegium entzogen und einem anderen übertragen würde, stieß auf kein
Verständnis bei ihm, und er bestand auf seinem Verlangen. Als ich es ablehnte, frei-
willig auszuscheiden, war mir klar, daß ich bei der selbstherrlichen Rücksichtslosigkeit
Wernickes meine akademische Zukunft mit einem Hemmnis belastete. Der Antrag
Wernickes, meine Stelle einem seiner Assistenten zu übertragen, wurde, wie nach der
Sachlage zu erwarten war, vom Oberpräsidenten abgelehnt und ich verblieb in meiner
Stellung. Ein Jahr später beantragte Wernicke — um mich loszuwerden — die Auf-

hebung der Hilfsarbeiterstelle, da eine Überlastung des Referenten nicht mehr vorliege und er die Arbeit allein leisten könne. Der Minister entsprach dem Antrag, da das Bedürfnis für die seinerzeit geschaffene Stelle nicht mehr vorlag. Es folgte eine Reihe unerfreulicher Vorkommnisse, in denen sich die Verärgerung Wernickes über meine Person kundgab. Soweit sie meine dienstliche Stellung betrafen, wehrte ich mich. So nahm Wernicke Gelegenheit, als unter den regelmäßig dem Medizinalkollegium zugehenden Entmündigungsgutachten der Provinz sich ein von mir erstattetes Gutachten befand, in dem die Geschäftsfähigkeit eines Mannes trotz eines nicht korrigierten paranoischen Restes bejaht wurde, diese Stellungnahme als unrichtig zu bemängeln und sie als auf einen Mangel an Erfahrung beruhend zu verurteilen. Derartige Bemängelungen gingen auf dem Dienstwege dem zuständigen Regierungspräsidenten zu und wurden von diesem den Gutachtern zur Kenntnisnahme und Nachachtung bzw. zur Äußerung mitgeteilt. Da ich mein Gutachten seinerzeit wohlüberlegt und auch eingehend begründet hatte, remonstrierte ich gegen diese Beanstandung des Referenten des Medizinalkollegiums und beantragte die Entscheidung der obersten Instanz, der wissenschaftlichen Deputation, da es sich um eine grundsätzlich wichtige wissenschaftliche Frage handle. Die Deputation trat meiner Beurteilung bei. Auch bei einer späteren Gelegenheit hatte ich noch einmal Veranlassung, meine Stellung gegen Wernicke zu verteidigen. Wernicke war in die unangenehme Lage gekommen, daß die Stadt den Vertrag über die Beherbergung der psychiatrischen Klinik gelöst hatte, ehe für eine neue Unterrichtsmöglichkeit gesorgt war. Ich stellte bereitwillig für die Vorlesung geeignete Kranke zur Verfügung. Wernicke begnügte sich damit nicht, sondern sein Verlangen ging letztlich auf eine Unterstellung meines gesamten Betriebes unter seine Leitung, in einem Umfang, der durch tatsächliches Unterrichtsbedürfnis nicht gerechtfertigt war. Der Regierungspräsident lehnte aus gefängnistechnischen Gründen den Antrag ab. Es kam dann, soweit ich mich erinnere, unter dem Druck des Ministeriums noch einmal zu einer provisorischen Abmachung zwischen Staat und Stadt, nach der Wernicke in der städtischen Anstalt weiterhin klinischen Unterricht geben konnte gegen die Zusicherung des Staates, den Neubau einer Klinik in den Etat zu bringen. Das war sachlich unzweifelhaft besser, denn das Krankenmaterial meiner Abteilung wäre für einen systematischen psychiatrischen Unterricht unzureichend gewesen. Das Verhältnis blieb bis zu meinem Weggang von Breslau kühl, ohne daß es späterhin zu weiteren persönlichen Auseinandersetzungen gekommen wäre. Ich darf wohl sagen, daß in jenen harmlosen Jahren unserer jungen Ehe die Entfremdung mit Wernicke eigentlich das einzige war, was mich gelegentlich bedrückte in dem Gedanken, daß ich ihm doch für meine wissenschaftliche Entwicklung viel zu danken hatte. Eine gewisse Beruhigung war mir dabei, daß fast jeder seiner Assistenten und Mitarbeiter bei irgendeiner Kollision der eigenen mit Wernickes Interessen ähnliche Erfahrungen gemacht hatte und ein Gefühl wärmerer Verbundenheit sich bei keinem von ihnen in jener Zeit entwickelt hatte. Wenn ich heute auf jene Jahre und den Ausgangspunkt meines Konfliktes mit Wernicke zurückblicke, so muß ich sagen, daß ich die Zumutung Wernickes, die Stellung im Medizinalkollegium aufzugeben, in ihrer schädigenden Wirkung für meine Zukunft sicherlich überschätzt hatte und daß ich mir vielleicht Ärger und Skrupel erspart hätte, wenn ich damals nicht auf meinem Rechtstitel bestanden, sondern mich Wernickes Wünschen gefügt hätte.

Es wäre wahrscheinlich nicht schwer gewesen, bei einem anderen Vorgehen einen Weg der Verständigung zu finden, aber die brüske Art, in der Wernicke hier wie auch sonst seinen Willen durchzusetzen versuchte, weckte den Widerstand und das Gefühl, sein Recht verteidigen zu müssen. Freilich glaube ich, daß, wenn auch vielleicht in diesem Fall das Verhältnis äußerlich ungestört geblieben wäre, eine gewisse Entfremdung kaum vermeidbar war. Für Wernicke war die Arbeit an seinem psychiatrischen Lehrgebäude Lebensinhalt und erste Aufgabe. Seine Mitarbeiter waren nur so lange für ihn von Wert, als er sie für die weitere Entwicklung seiner speziellen psychiatrischen Grundanschauungen verwendbar glaubte. Er ließ sie fallen oder sie wurden ihm zum mindesten gleichgültig, wenn sie andere wissenschaftliche Wege gingen. Das zeigte sich auch in seiner Bewertung seiner anderen beim Fach verbliebenen Breslauer Assistenten Kemmler, Heilbronner, Gaupp und später auch bei Otfried Foerster. Der frühe Tod Wernickes ein Jahr nach seiner Berufung nach Halle hat die Wiederanknüpfung freundlicherer Beziehungen leider unmöglich gemacht.

In den letzten Jahren meiner Gefängnistätigkeit war der Wunsch, in eine klinisch-psychiatrische Tätigkeit zurückzukommen, immer stärker geworden. Neben dem Gefühl, bei meinen geisteskranken Gefangenen nicht mehr allzuviel lernen zu können, weckte der Gedanke an unsere wachsende Familie — es waren im Jahre 1903 schon 4 Kinder — den Wunsch nach akademischem Vorwärtskommen. Es war mir deshalb eine große Freude, als mir bei einer Psychiater-Versammlung in Jena von dem alten, einflußreichen Hallenser Ordinarius Hitzig angedeutet wurde, daß Königsberg frei werde und daß man dort an mich als Nachfolger von Meschede dächte. Um dieselbe Zeit erfuhr ich, daß ich für Freiburg auf der Liste für die Nachfolge von Ebbinghaus stünde. Meine Befürchtung, daß Wernicke vielleicht ungünstig über mich berichten würde, bestätigte sich, wie ich später erfuhr, nicht. Wie wenig er aber über meine inneren Wünsche im Bilde war, ersah ich aus einer Bemerkung, die er einem Fakultätskollegen gegenüber machte, daß er nicht glaube, daß ich von Breslau weggehen würde, weil ich hier Aussicht auf eine umfangreiche neurologische Praxis hätte.

Tatsächlich gab es für mich keinen Augenblick der Überlegung, als mir Anfang Juni 1903 eine Visitenkarte des Ministerialreferenten Elster ins Haus geschickt wurde, mit der er mich zu einer Besprechung ins Hotel Monopol bat und mir mitteilte, daß die Königsberger Fakultät mich für die Leitung der dortigen psychiatrischen Klinik vorgeschlagen habe, und daß ich wegen der Übernahme der Klinik zum ersten Oktober des Jahres zu Verhandlungen nach Berlin zu Althoff kommen solle. Der Tag erschien mir als ein Glückstag erster Ordnung; meine Frau teilte diese Freude, obwohl sie damals das fünfte Kind erwartete, vom Elternhaus in Breslau und der stets für uns liebevoll bemühten Mutter wegmußte und dem kalten Königsberger Winter entgegenging. Die Verhandlungen mit dem allgewaltigen Ministerialdirektor Althoff nahmen einen eigenartigen Verlauf: Der Vorgänger in Königsberg war Extraordinarius gewesen und die Fakultät hatte dementsprechend ihren Vorschlag gemacht. Elster hatte mir in Aussicht gestellt, daß ich mit dem Anfangsgehalt des Extraordinarius angestellt werden sollte. Es ist kein Zweifel, daß ich darauf ohne weiteres eingegangen wäre. Immerhin hielt ich es für gut, Althoff bei der Besprechung darauf aufmerksam zu machen, daß ich mit einer Familie von 5 Kindern in Königsberg zu leben und zunächst sicherlich mit einem erheblichen Rückgang meiner Einnahmen dort zu rechnen haben würde. Althoff war offenbar gut gelaunt und sicherte mir zunächst das Höchstgehalt des Extraordinarius zu. Im Verlaufe des Gespräches bemerkte er wohl an meinem Dialekt, daß ich Schwabe war und meinte, er sei ein Freund der Schwaben und habe mit ihnen im allgemeinen gute Erfahrungen gemacht. Besonders den Nationalökonom Schmoller habe er schätzen gelernt und sei ihm freundschaftlich verbunden. Das Ende der Unterredung war, daß ich nicht als Extraordinarius, sondern mit einem persönlichen Ordinariat nach Königsberg berufen wurde. So hatte ich es meinem schwäbischen Dialekt zu danken, daß ich den Sprung vom Titularprofessor unmittelbar zum Ordinarius machte. Im ganzen habe ich auch sonst vielfach die Erfahrung gemacht, daß die Schwaben in Norddeutschland gerne gesehen sind, während ich nicht den Eindruck gewonnen habe, daß diese Zuneigung von den Schwaben entsprechend erwidert würde. In der Königsberger Fakultät wurde dieser Zuwachs eines neuen Ordinarius nicht allseitig mit derselben Freude wie von mir begrüßt, wie ich später erfuhr. Als die Mitteilung an die Fakultät kam, veranlaßte sie einen der älteren, als sparsam bekannten Ordinarius zu der Bemerkung: „Auf unsere Kosten!" Eine Äußerung, die sich nur darauf beziehen konnte, daß nun ein neuer Partner an den Fakultätseinnahmen hinzugekommen war. Es war derselbe — im übrigen wissenschaftlich hervorragende — Gelehrte, von dem die Sage ging, daß er seine Weine beliebig mit Etiketten, die er aus der Fabrik seines Bruders bezog, zu versehen pflegte. So konnte es kommen, daß man bei ihm Rotwein mit einer Liebfrauenmilch-Etikette kredenzt bekam.

Königsberg — Heidelberg 1903—1904

Über die Einzelheiten meiner künftigen Arbeitsstätte wußten mir die Herren im Ministerium wenig zu sagen. Man hatte den Eindruck, daß Königsberg sehr in der Peripherie ihrer Interessen lag. Es wurde mir gesagt, daß die Klinik innerhalb des Städtischen Krankenhauses liege und ähnlich wie in Breslau der Städtischen Verwaltung eingegliedert sei. Es sei ein Neubau im Gange. Als wir zur Wohnungssuche nach Königsberg fuhren und ich zum ersten Mal die Klinik sah, konnte ich feststellen, daß dieser Neubau im städtischen Krankenhaus tatsächlich im Gange war. Er betraf aber nicht meine Klinik, sondern die Chirurgische Abteilung. Meine Abteilung war das Gegenteil eines Neubaus und befand sich im Dachstock des ältesten Teils des Krankenhauses. Es war ein altes „Spinnhaus" aus dem 17. Jahrhundert und hatte damals als Arbeitshaus gedient. Für psychiatrische Behandlung waren die Räume unübersichtlich und denkbar ungünstig. Als besondere neuzeitliche Einrichtung wurde mir ein in das Direktorzimmer schrankartig eingebautes Spülklosett gezeigt. Ich kann nicht sagen, daß ich durch diesen Zustand der Klinik entmutigt wurde. Ich war aus meiner Beobachtungsstation gewohnt, mit einfachen Mitteln zu arbeiten und war überzeugt, daß sich in einer Stadt von über 100 000 Einwohnern das für Unterricht und Forschung nötige Krankenmaterial zusammenfinden müsse. Bei der Wohnungssuche sahen wir, daß es innerhalb der Stadt in der Nähe der Klinik so gut wie unmöglich war, eine Wohnung zu finden, die den Kindern Bewegungsfreiheit ähnlich wie in Breslau gab. Schließlich ergab sich aber infolge der Versetzung eines Offiziers in der Rhesastraße eine Stätte, die als Wohnung mit Garten angesprochen wurde. Der Garten war ein viereckiger, grasbewachsener Platz zwischen einem Häuserblock. Ich stellte fest, daß in diesen Garten 196 Fenster Ausblick hatten. Die Wohnung lag aber insofern bequem, als ich im Winter über den gefrorenen Schloßteich rasch in meine Klinik kommen konnte.
Anfang September brachen wir unsern Breslauer Wohnsitz ab und gingen zunächst mit den 4 Kindern an die See nach Neuhäuser, wo uns eine Frau Redotté in einem

Dohna'schen Landhause gut versorgte. Hier warteten wir die Fertigstellung der Wohnung ab und meine Frau sollte sich vor der Geburt des zu erwartenden fünften Kindes etwas ausruhen. Für sie war in Königsberg alles voll von Kinder-Erinnerungen und ich freute mich nun auch, diese Nordostecke des Reiches und seine Bewohner kennenzulernen, aß Schmand mit Glumse, suchte mit den Kindern Bernstein am Strande und bereitete mich auf Königsberg vor. Kaum waren wir in der Rhesastraße eingezogen und die Geburt glücklich vorüber, kamen uns Gerüchte zu Ohren, daß ich als Nachfolger Kraepelins in Heidelberg in Vorschlag sei. Ich glaubte zunächst nicht daran und nahm meinen klinischen Betrieb im Krankenhause auf. Auch hier dominierte in den Zugängen der Alkoholismus. Er hatte nicht selten eine besonders schwere Färbung. Man bekam in der Anamnese gelegentlich von Äther- und Petroleumzusatz zum Schnaps zu hören. Überraschend war mir bei der ersten Visite auf der Delirantenabteilung der ruhige Eindruck, den die Station machte. Während in Breslau die Deliranten auf der Station herumirrten oder von Pflegern gehalten wurden, lagen hier die Patienten schwitzend mit kongestioniertem Kopf gut zugedeckt in ihren Betten, ohne den üblichen Beschäftigungsdrang. Das Verhalten klärte sich auf, wenn man die Bettdecke abhob. Die Deliranten steckten in Zwangsjacken und waren an ihren Betten angeschnallt. In Breslau hatten wir unseren Stolz dareingesetzt, ohne Zwangsjacke auszukommen und Anschnallen an die Betten war absolut verpönt. Es schien mir deshalb selbstverständlich, diese Rückständigkeit zu beseitigen und Zwangsjacke und Festschnallen abzuschaffen. Ich bin heute zweifelhaft, ob diese strikte Durchführung der sogenannten freien Behandlung, die uns damals als ärztlich-ethisches Gebot galt, in der Anwendung auf Delirante notwendig und zweckmäßig war. Das Festhalten in der Zwangsjacke, das ja nach der Art der Erkrankung nur für wenige Tage in Betracht kam, verhinderte Selbstverletzungen und bis zu einem gewissen Grade auch das körperliche Sichabarbeiten, das bei dem Deliranten gelegentlich zum Herztod führt. Vielleicht war es bei der unzulänglichen Zahl des Pflegepersonals das geringere Übel. Es hätte sich gelohnt, vergleichende Untersuchungen darüber anzustellen, wie sich die Deliriumsmortalität bei den verschiedenen Behandlungsmethoden in Breslau und Königsberg verhielt.

An meine ersten klinischen Vorlesungen in Königsberg denke ich gern zurück. Das Hören der psychiatrischen Klinik war damals noch nicht obligatorisch. Das hatte den Vorzug, daß die Hörer, die sich einfanden, am Fach wirklich interessiert waren. Neben Klinikstudenten kamen Ärzte und Dozenten, mit denen sich bald eine nette Gemeinschaft bildete. Die geeigneten Fälle zur Vorlesung zu bekommen war nicht immer ganz einfach, da das klinische Material zunächst ganz überwiegend aus Paralytikern und Alkoholikern bestand. Mit Hilfe der mitgekommenen Assistenten Schroeder und Nehmitz suchten wir in anderen Abteilungen und bemühten uns, die poliklinische Ambulanz zu beleben. Ich fand dabei freundliches Entgegenkommen bei dem inneren Kliniker Lichtheim. Überhaupt war der Verkehr in der Fakultät und innerhalb der Universität freundschaftlich und zusammengeschlossener, als ich ihn je anderwärts getroffen. Die Einrichtung des sogenannten „Generalkonzils", in dem sich die Gesamtheit der Ordinarien und, soweit ich mich erinnere, auch der planmäßigen Extraordinarien zur Besprechung von Berufungsvorschlägen und anderen akademischen Fragen von Zeit zu Zeit versammelten, gab Gelegenheit, sich innerhalb der anderen Fakultäten kennenzulernen. Auch die Gepflogenheit, daß man bei allen Dozenten der Universität Antrittsbesuche machte, die im Ganzen nicht nur als formales Kartenabwerfen erledigt wurden, förderte ein engeres Zusammengehörigkeitsgefühl. Es kam hinzu, uns bald heimisch zu machen, daß wir noch alte Freunde der Breslauer Eltern aus der Königsberger Zeit vorfanden, die uns freundlich entgegenkamen und von denen einige, wie Bertha von Gossler und deren Schwester, die alte Generation Brausewetter, die Taufe unserer Christel mitfeierten.

Wir waren kaum einigermaßen eingerichtet, als mir vom Badischen Ministerium die Berufung auf den Heidelberger psychiatrischen Lehrstuhl Kraepelins angetragen wurde. Beim Vergleich der Königsberger und der Heidelberger Klinik — hier ein völlig unzulängliches Notunterkommen, dort eine gut ausgebaute, mit guten Laboratorien und Arbeitsmöglichkeiten ausgestattete Klinik mit einem Stab von wissenschaftlich angesehenen Mitarbeitern, Nißl, Gaupp, Wilmanns, Lewandowsky — konnte ein Zweifel über die Wahl eigentlich nicht bestehen, wenn auch die Trennung von Psychiatrie und Neurologie in Heidelberg mir schmerzlich war. Tatsächlich war ich entschlossen, nach Heidelberg zu gehen. Ich brauchte aber die Genehmigung des Preußischen Ministeriums, da ich mich bei meiner Berufung verpflichtet hatte, vor Ablauf von 3 Jahren keine andere Berufung anzunehmen, falls diese nicht eine wesentliche Verbesserung für mich bedeuten würde. Ich war auf diese Bedingung ohne Bedenken eingegangen, da ich nicht damit rechnete, daß so rasch eine neue Berufung an mich herantreten würde. Ein Hindernis für den vorliegenden Fall schien mir nicht zu bestehen, da kein Zweifel sein konnte, daß der Lehrstuhl in Heidelberg für mich und meine Arbeitsmöglichkeiten eine Verbesserung war. Ich bat deshalb um eine Rücksprache im Ministerium zum Vortrag meiner Berufungsangelegenheit. Der Empfang bei Althoff war diesmal wesentlich anders als bei meiner Königsberger Berufung. Er ging wütend im

Zimmer auf und ab, schlug auf den Tisch und schrie mich an: „Haben Sie in Heidelberg schon angenommen?" Ich verneinte und sagte, ich sei hier, um meine Entbindung von meiner dreijährigen Verpflichtung für Königsberg zu erbitten, um Heidelberg annehmen zu können, da ja unzweifelhaft der Fall vorliege, daß Heidelberg eine wesentliche Verbesserung meiner klinischen Arbeitsmöglichkeiten bedeute. Daß ich noch nicht angenommen hatte, schien ihn etwas zu beruhigen, aber er tobte noch eine Zeitlang weiter, wollte nichts von einer Einschränkung meiner Verpflichtung, 3 Jahre in Königsberg zu bleiben, wissen; das stehe nicht in dem Revers. Als ich festblieb, schrie er: „Wir sind geschiedene Leute" und ich hätte keine Aussicht, je wieder nach Preußen zu kommen. Bei dem ganzen Auftritt hatte ich den Eindruck, daß der Zorn nicht so ganz echt war und vielleicht auch nicht meiner Person in letzter Linie galt. Dieser Eindruck war offenbar richtig, wie ich später erfuhr. Der Affektausbruch galt mehr dem badischen Ministerialreferenten, weil er sich unmittelbar an mich gewandt hatte, während Althoff damals anstrebte, daß bei Berufungsangelegenheiten die Bundesstaaten sich zunächst mit dem Preußischen Ministerium über die Personenfrage der zu Berufenden verständigten. Das Gespräch endete kühl mit meiner Freigabe aus der Verpflichtung für Königsberg. Es war dies mein letztes Zusammentreffen mit Althoff. Bei meiner im Jahre darauf erfolgten Berufung nach Breslau wurden die Verhandlungen von Elster geführt. Die Verhandlungen mit Karlsruhe gestalteten sich einfach und verliefen in liebenswürdiger Form. Es war ein etatmäßiges Ordinariat, verbunden mit der Leitung der Klinik, die in die Landesirrenfürsorge eingegliedert war.
In die Freude der Berufung nach Heidelberg fiel die traurige Nachricht, daß unsere gute Mutter in Breslau infolge ihres alten Herzleidens am 2. Dezember 1903 an einer Hirnembolie plötzlich verstorben war. Die Berufung nach Heidelberg war ihr noch eine besondere Freude gewesen.
Der Königsberger Winter stand nun naturgemäß unter dem Zeichen eines nur episodischen Aufenthalts. Immerhin durfte darunter die Sorge für die Gestaltung eines geordneten klinischen Betriebes, der abgesehen von dem Baulichen allerhand Mängel zeigte, nicht Not leiden. Es lag auch im Interesse des Nachfolgers, den Antrag auf Errichtung einer selbständigen Klinik in der Nähe der anderen Kliniken möglichst bald zu stellen. Vorbereitenderweise hatte ich schon anläßlich der Berufung nach Heidelberg im Ministerium Innenphotographien der Krankenräume, die die Notwendigkeit eines Neubaues gut illustrierten, vorgelegt. Für den Augenblick dringlicher war die Abänderung des Vertrags mit der Stadt. Die Stadt verlangte, daß kein in die Klinik aufgenommener Geisteskranker länger als 20 Tage auf städtische Kosten verpflegt werden

durfte. Für den darüber hinausgehenden Aufenthalt sollte der Fiskus aufkommen. Diese Bestimmung hatte zur Folge, daß meist sofort nach der Aufnahme der Überführungsantrag in die zuständige Provinzialanstalt gestellt werden mußte. Bei solch kurzem Aufenthalt wurde die wissenschaftliche Bearbeitung wie die für den Unterricht so wichtige Verlaufsbeobachtung so gut wie unmöglich gemacht. In der Praxis lief es allerdings nicht selten so, daß trotz des frühzeitigen Überführungsantrags die Kranken aus Gründen des bürokratischen Verfahrens, vor allem des Nachweises der Fürsorgeverpflichtung länger in der Klinik verblieben. Es fehlte aber vorläufig ganz eine finanzielle Möglichkeit des Klinikleiters, Kranke in der Klinik aus wissenschaftlichem Interesse zu behalten. Es mußte deshalb eine größere Anzahl von Freibetten für die klinisch wichtigen Fälle beantragt werden. Den Erfolg des Antrags habe ich in Königsberg nicht mehr erlebt, aber ein anderes Nachspiel folgte mir nach meinem Abgang in Gestalt einer Rechnung von etwas über 1000 Mark, die ich für aufgelaufene Verpflegungskosten für Kranke, die länger als 20 Tage in der Klinik verblieben waren, bezahlen sollte. Es wurde darauf hingewiesen, daß ich mich bei der Annahme des Rufes nach Königsberg verpflichtet hätte, das Gehalt, das mir die Stadt Königsberg als Leiter der psychiatrischen Abteilung bezahlen würde, für sachliche Zwecke der Klinik zu verwenden. Ich lehnte die Bezahlung der Rechnung ab, mit der Begründung, daß die städtische Remuneration für den klinischen Direktor für Anschaffungen des wissenschaftlichen Betriebes in der Klinik, Poliklinik und Laboratorium gedacht und auch so verwendet worden sei, daß es nicht in meiner Macht gelegen habe, die Überführung der Kranken zu beschleunigen. Ich könne deshalb nicht persönlich für die aufgelaufenen Unkosten verantwortlich gemacht werden. Das Ministerium beruhigte sich und kam nicht mehr auf die Angelegenheit zurück. Vermutlich bedurfte es einer solchen Begründung, um die Oberrechnungskammer zufriedenzustellen. Die damals herrschende unschöne Gepflogenheit des Ministeriums, die jungen Professoren bei ihrer Berufung solche ihre Freiheit einengenden Reverse unterschreiben zu lassen, gab späterhin Veranlassung zu allerhand Beanstandungen, die, wenn ich mich recht erinnere, auch im preußischen Landtag zur Sprache kamen und zu ihrer Abstellung führten.
Wenn ich heute an das Königsberger Semester zurückdenke, so habe ich ein ausgesprochenes Gefühl der Anhänglichkeit an die Stadt, das Land und die Menschen, die uns dort begegneten. Es mag sein, daß das Leben in dem östlichen Grenzland die Menschen und die verschiedenen Berufsstände enger miteinander verband. Universität, Verwaltung, Militär, Kaufmannschaft und Landbevölkerung schien mir auch gesellschaftlich in engerer Gemeinschaft zu stehen als anderwärts. Der Sonntagsnachmittags-

kaffee bei dem Anatomen Stieda, wo er seine Studenten bei sich im Hause versammelte, der Universitätsspaziergang nach dem Korinthenbaum, die akademische Feier zur Erinnerung an den 100jährigen Todestag Immanuel Kants mit einer mir besonders eindrucksvollen Rede des damaligen dortigen kommandierenden Generals von der Goltz-Pascha, kleine Geselligkeiten auch außerhalb der engeren Fakultät sind mir in schöner Erinnerung. Wir wären an sich gerne noch einige Jahre dort geblieben, aber es schien mir aus sachlichen Gründen selbstverständlich, daß ich Heidelberg annehmen mußte.

Mitte März 1904 fuhren wir bei 15 Grad Kälte in Königsberg ab; die 5 Kinder, von denen der älteste eben 5 Jahre alt war, wohl in Pelzen verpackt. Wir fuhren über Berlin, Stuttgart direkt bis Tübingen durch, wo es 15 Grad über Null hatte und die Leute auf dem Bahnhof, als sie die pelzverpackten Kinder sahen, riefen: „Die kommen wohl aus der Polakei." Hier ließen wir die Kinder bei den Großeltern und fuhren dann selbst nach Heidelberg, um uns dort in dem von der Großmutter in unserem Auftrage gemieteten Hause in der Kaiserstraße einzurichten. Wir hatten dort an den Familien Gerhard Anschütz und Gaupp eine dankenswerte Hilfe für die Installierung in Haus und Wirtschaft.

Die Übernahme der Klinik vollzog sich ohne äußere Schwierigkeit. Im kam, soweit die Psychiatrie in Betracht kam, in ein fertiges Bett. Die Aufnahmeformalitäten waren komplizierter, als ich sie von Breslau her kannte, die Klinik war in die Badische Irrenfürsorge eingegliedert und unterlag den üblichen Sicherungen gegen unberechtigte Aufnahmen. Die Nachfolge Kraepelins habe ich nicht ohne Befangenheit angetreten. Kraepelin stand damals mit seiner Lehre von der dementia praecox und des manisch-depressiven Irreseins im Brennpunkt des Interesses der Psychiater, zumindest der jüngeren Generation. Es konnte nicht fehlen, daß sich bei den Mitarbeitern und Adepten der Heidelberger Klinik mehr oder weniger bewußt und nicht ohne Berechtigung das Gefühl entwickelte, die Führung in der modernen Psychiatrie zu repräsentieren. Ich kam mir in dieser Situation etwas verloren vor und als Außenseiter nicht so recht geeignet, an dieser prominenten Stelle zu stehen. Doch gestaltete sich das Verhältnis bald ganz freundschaftlich und es war mir eine besondere Freude, mit Nissl näher bekannt zu werden und sein menschlich-liebenswürdiges Wesen und seine innere Bescheidenheit kennenzulernen. Leider fehlte mir infolge der Notwendigkeit, mich in den klinischen Betrieb einzuarbeiten, die Zeit, unter seiner Leitung im Laboratorium mich selbst zu betätigen. Gaupp, mit dem ich nun wieder in gemeinsamer klinischer Arbeit zusammentraf, stand mir hilfreich zur Seite. Kraepelin selbst lernte ich auf einem gemeinsamen Ausflug in badische Anstalten zum ersten Male näher kennen.

Ich hatte ihn sonst nur auf Versammlungen gesehen. Das Gespräch kam auf den Alkoholismus, ein Thema, vor dem mich Nissl gewarnt hatte, es mit Kraepelin zu besprechen. Es war mir interessant, es trotzdem getan zu haben, obwohl ich es damals bereute. Die Energie und die Ausdauer, mit der Kraepelin dieses Thema während unseres 12stündigen Zusammenseins dauernd festhielt, brachte mir zwar im Laufe des Tages eine heftige Migräne, schien mir aber doch bewundernswert als Ausdruck seiner Fähigkeit zu fanatischem Glauben und Eintreten für das, was er für richtig hielt. Ähnlich sah ich ihn später, als er mich während des Weltkrieges davon zu überzeugen suchte, daß der uneingeschränkte U-Boot-Krieg eine sichere Garantie des Sieges für uns bedeute.

Die Vorlesungen übernahm ich in demselben Umfang, wie sie Kraepelin abgehalten hatte, psychiatrische Klinik und forensisch-psychiatrischen Kurs. Das einzige Neue, was ich brachte, war, daß ich im Vorlesungsraum ein Untersuchungsbett aufstellen ließ, weil ich gewohnt war, meine Fälle auch neurologisch zu untersuchen. Neurologische Fälle als solche vorzustellen lag außerhalb meines Lehrauftrags. Es war mir aber, wie ich mich erinnere, doch eine Genugtuung, daß ich gelegentlich einen oder den anderen Korsakow fand, der unter der Etikette „dementia praecox" gelaufen war und an dem ich zeigen konnte, daß Neurologie und Psychiatrie allerhand Gemeinsames haben. Kraepelin war ein energischer Vertreter der Trennung von Psychiatrie und Neurologie, wohl nicht, weil er die Gemeinsamkeiten der Fächer verkannte, sondern weil er die Überzeugung hatte, daß der psychiatrischen Forschung viel dadurch verloren ging, daß die offiziellen Vertreter des Faches sich allzuviel mit Rückenmark und den peripheren Abschnitten des Nervensystems befaßten. Er konnte mit Recht auf das Vorbild von Heidelberg hinweisen, wo Neurologie und Psychiatrie durch Erb und ihn selbst nebeneinander in besonderer Blüte standen. Eine Mittelstellung derart, daß eine Pflege der Neurologie von der inneren Medizin wie von der Psychiatrie her erfolgt, und daß sich dann je nach der individuellen Anlage des Forschers von selbst eine Differenzierung nach der rein neurologischen oder nach der psychopathologischen Seite hin zu ergeben pflegt, lag seiner entweder-oder-Natur nicht.

Erb, der damals dem Ende seiner akademischen Tätigkeit nahestand, kam mir freundlich entgegen. Über unser gemeinsames Grenzgebiet kam es zu keiner Aussprache. Er war damals mit häuslichen Sorgen belastet. Im Ganzen ging seine Auffassung dahin, daß die Tätigkeit des Psychiaters dann beginnt, wenn die Verpflegung eines psychisch Kranken in der Inneren Klinik aus äußeren Gründen Schwierigkeiten macht.

Zu einem näheren Kennenlernen der übrigen Fakultätsmitglieder kam es in dem kurzen Sommer nicht, da wir durch die Trauer um unsere Mutter zurückgezogen lebten.

Es kam hinzu, daß bald nach unserem Einzug in Heidelberg die Breslauer Fakultät durch den dortigen Dekan Verhandlungen wegen der Rückkehr nach Breslau anknüpfte. Wernicke hatte eine Berufung nach Halle anstelle von Ziehen angenommen, der an Jollys Stelle nach Berlin kam. Nachdem ich in Königsberg und Heidelberg Ordinariate innegehabt hatte, glaubte die Breslauer Fakultät, sich wohl nichts zu vergeben, wenn sie mich, der ich noch 1 Jahr zuvor Breslauer Privatdozent und Titularprofessor war, für das Breslauer Ordinariat in Betracht zog. An sich war es wohl ungewöhnlich, von Heidelberg nach Breslau zu gehen, aber für mich bot Breslau doch allerhand Lokkendes. Der Neubau der Klinik war genehmigt; es bestand die Möglichkeit, diesen im Rahmen des etatmäßig Zulässigen nach eigenen Wünschen auszugestalten. Psychiatrie und Neurologie waren gleichzeitig zu vertreten, dem konnte beim Neubau schon Rechnung getragen werden. Die Aufnahmemöglichkeit war völlig frei ohne Bindung an die provinzielle Irrenfürsorge. Es kam hinzu die Bekanntschaft mit den dortigen Klinikverhältnissen, die Gewißheit angenehmen kollegialen Zusammenlebens in der Fakultät und die Aussicht, mit Vater und Geschwistern und alten Freunden wieder zusammenzukommen. Auf der anderen Seite standen die schöne süddeutsche Landschaft, die Nähe der schwäbischen Heimat, meiner Tübinger Eltern und der alten schwäbischen Freunde, aber auch voraussichtlich allerhand Schwierigkeiten, die sich bei dem Bestreben, die Klinik aus der Landesirrenfürsorge heraus und für die Aufnahme neurologischer Fälle freizubekommen, sicherlich ergeben würden. Die Überlegung war erheblich schwieriger als bei der Berufung nach Heidelberg. Es siegte aber in mir die Bequemlichkeit, daß mir in Breslau kampflos zufiel, was ich in Heidelberg erst hätte erstreiten müssen und vielleicht erst nach langer Zeit und nicht in dem Ausmaß, wie es in der großen Stadt erreicht worden wäre. Ich war mir im klaren, daß es der badischen Regierung gegenüber, die mir durchaus freundlich entgegengekommen war und für die Zukunft auch meinen neurologischen Wünschen nicht ganz ablehnend gegenüberstand, eine etwas peinliche Aufgabe sein würde, ihr verständlich zu machen, daß ich Breslau gegen das altehrwürdige, auf seinen akademischen Rang unter den deutschen Hochschulen stolze Heidelberg eintauschen wollte. Bei der Unterredung mit dem Ministerialreferenten trat auch eine leichte Gereiztheit in Erscheinung, die ich umsomehr bedauerte, als ich mir bewußt war, der badischen Regierung Mühe und Unbequemlichkeit verursacht zu haben. Ich konnte aber darauf hinweisen, daß es keine Schwierigkeiten habe, einen Nachfolger für mich zu gewinnen, da in der Person Nissls ein Mann von internationalem wissenschaftlichem Range in Heidelberg selbst zur Verfügung stünde. Nissl war zwar in erster Linie Hirnhistopathologe, aber es war kein Zweifel, daß er auch auf klinisch-psychiatrischem Gebiete die Qualitäten eines Fachvertreters besaß, und es war eigentlich nicht einzusehen, daß die Fakultät ihn nicht schon statt meiner berufen hatte. So fiel während des Sommersemesters die Entscheidung, daß ich nach einjähriger Abwesenheit im Herbst 1904 wieder nach Breslau zurückkehrte.

Der Sommer war ausgefüllt mit Besuchen der Eltern aus Tübingen, Verwandten und Freunden aus Württemberg, mit Ausflügen in den Odenwald, nach Wildbad, Baden-Baden, im Herbst nach dem südlichen Schwarzwald mit dem Bruder Benedikt von Hase, Zusammenkünften mit den Brüdern Mandry in Mosbach am Neckar, gelegentlichen Spargelessen in Schwetzingen mit Anschützens. Für meine Frau war der Heidelberger Aufenthalt mit Einrichtung der Wohnung, vielen Gästen, Wohnungssuche in Breslau, Wiederaufpacken des Hausrats, das alles mit 5 kleinen Kindern, anstrengend. Auch fühlte sie sich in dem weichen Klima von Heidelberg gegenüber der kräftigen Königsberger Luft matt und verlor etwa 40 Pfund an Gewicht. Der wissenschaftliche Gewinn dieses Reisejahres war begreiflicherweise nicht groß. Die Zeit war mit praktischen Überlegungen ausgefüllt. Ein Referat über das Korsakowsche Syndrom, zu dem ich vom Vorstand des Deutschen Vereins für Psychiatrie aufgefordert wurde, faßte die Ergebnisse alter Breslauer Klinikerfahrung zusammen, die Beschäftigung mit den degenerativen Zuständen in meiner Gefängnisabteilung gab Gelegenheit, Erfahrungen über den „pathologischen Einfall" mitzuteilen, die ich dann später in einer Studie über Degenerationspsychosen erweiterte. Das kurze Zusammenarbeiten mit den Kraepelinschülern war aber doch lehrreich für mich, insofern ich die klinische Methodik der Untersuchung Kraepelins aus eigener Anschauung kennenlernte und dabei doch auch zugleich den Wert der symptomatologischen Betrachtungsweise, wie sie Wernicke pflegte und wie sie mir bei den symptomatischen Psychosen und den psychogenen degenerativen Zuständen klärend zu wirken schien, schätzen lernte.

Mit der Rückkehr nach Breslau, wo ich 11 Jahre zuvor meine klinische Lehrzeit 1893 begonnen hatte, konnte die erste Etappe meines wissenschaftlichen Lehrgangs als zu einem gewissen Abschluß gelangt angesehen werden. Wenn ich heute auf jene mehr als 40 Jahre zurückliegende Zeit zurückblicke und mich frage, was mir heute noch von den Arbeiten dieses ersten Dezenniums als fachwissenschaftlich von einem gewissen Wert erscheint, so möchte ich zunächst in der Klarlegung des Alkoholdelirs als eines von der direkten Alkoholwirkung verschiedenen, durch ein ätiologisches Zwischenglied — vielleicht durch Leberschädigung — vermittelten autotoxischen Zustandes einen gewissen Fortschritt sehen. Auch die Feststellung, die das große Delirantenmaterial ermöglichte, daß das Alkoholdelir symptomatologisch — vor allem in seiner abklingenden Phase deutlich erkennbar — die Elemente des amnestischen Syndroms zeigt, daß zwischen Alkoholdelir und der alkoholistischen Polioencephalitis Wernickes nur Intensitätsunterschiede der autotoxischen Schädigung bestehen, daß es sich auch bei der Polioencephalitis wie bei den schweren Delirien um einen nicht entzündlichen, zu Blutextravasationen führenden Gefäßprozeß handelt, scheint mir pathogenetisch klärend.

Ein weiteres Ergebnis, das sich in den wesentlichen Punkten als haltbar erwiesen hat, betraf die Pathologie der choreatischen Bewegung, anatomisch in ihrer Beziehung zur Kleinhirn-Bindearmbahn, klinisch in dem Nachweis einer bestehenden Hypotonie der choreabetroffenen Extremitäten. Unter den übrigen hirnpathologischen Arbeiten dieser Jahre kommt den Untersuchungen der aphasischen und sensiblen Folgeerscheinungen der von Mikulicz operativ gesetzten Hirnrindenläsionen ein gewisser Wert zu, als es sich um eine selten gegebene Möglichkeit handelte, artificielle Ausfalls- und Rückbildungserscheinungen an der menschlichen Hirnrinde zu studieren.

Die mühsamen Untersuchungen an Vagabunden, Prostituierten und mehrfach rückfälligen Sittlichkeits- und Roheitsdelinquenten ließen nichts grundsätzlich Neues erwarten — denn daß in diesem Sammelbecken sozial zweifelhafter oder gescheiterter Existenzen sich allerhand Psychopathisches und psychisch Defektes finden würde, war anzunehmen. Es war aber doch wichtig, mit psychiatrischer Untersuchungsmethodik an größeren Reihen den zahlenmäßigen Anteil und die qualitative Verteilung dieser pathologischen Zustände festzustellen. Gegenüber der damaligen Einstellung über die Bedeutung der Vererbung der verbrecherischen Anlagen war auch der Nachweis der Aussterbetendenz dieser parasitären Bevölkerungsschicht nicht ganz unwichtig.

Breslau 1904—1912

Das Wiedereinleben in Breslau wurde uns nicht schwer. Dazu trug wesentlich bei, daß wir das Glück hatten, ein hübsches, im großen Garten gelegenes geräumiges Haus am Birkenwäldchen in der Nähe der Kliniken zu mieten, das den 5 Kindern reiche Bewegungsfreiheit gab. Der Garten mit seinen alten Bäumen war ungepflegt und blieb es auch, da wir in 2 Jahren die Dienstwohnung auf dem Klinikgrundstück zu beziehen hofften. Ein alter, asphaltierter Tennisplatz wurde im Winter begossen für die ersten Schlittschuhlauf-Versuche der beiden Ältesten, eine große Wagenremise enthielt zwar nicht Wagen und Pferde, aber gab Gelegenheit zum Halten von allerhand Viehzeug, wobei der Hauswart, Fronzek, den Kindern Hilfe leistete. Jenseits des Oder-Armes lag uns die Wohnung von Großvater Hase und der Tante Elisabeth gegenüber, so daß sich ein reger Verkehr hin und her ergab. Der durch den Tod seiner Frau noch mehr auf sich zurückgezogene Großvater Hase hatte Freude an dem Heranwachsen der Enkelkinder und an unserer hübschen Wohnung. Für die Beaufsichtigung des Klinikbaues lag die Wohnung günstig, weniger für die Vorlesungstätigkeit, die interimistisch bis zur Fertigstellung der Klinik in der Städtischen Anstalt in der Einbaumstraße stattfinden konnte. Ich fuhr meist mit dem Rad dorthin. Schwierigkeiten mit der Städtischen Verwaltung ergaben sich nicht mehr, nachdem das Ausscheiden des Universitätsinstituts aus den städtischen Räumen durch den Neubau der Klinik gesichert war. Mit den städtischen Ärzten bestand ein gutes Verhältnis. Ich fand bei ihnen freundliche Unterstützung bei der Auswahl der Kranken zur Vorlesung. Der wissenschaftlichen Ausnützung waren durch das Gastverhältnis natürlich gewisse Grenzen gesetzt, meine alten Beziehungen zur inneren und chirurgischen Klinik gaben mir aber wieder Gelegenheit, viele symptomatische psychische Erkrankungen und neurologische Fälle zu sehen. Dazu kam noch manches aus dem Gefängnismaterial zur wissenschaftlichen Bearbeitung des degenerativ-Psychogenen.

Das Einleben in der Fakultät wurde mir nicht schwer gemacht. Abgesehen von dem Physiologen Hürthle, meinem schwäbischen Landsmann, den ich noch aus meiner Tübinger Zeit kannte und mit dem ich manchen vergnügten Ausflug ins Riesengebirge und anderwärtshin gemacht hatte, waren die meisten 20 Jahre und mehr älter als ich. Senior der Fakultät war der alte Hasse, der Anatom. Mit der Pünktlichkeit einer Uhr sah ich ihn allmorgendlich, als wir noch in der Tiergartenstraße wohnten, an unserem Hause vorüber nach seinem Institut gehen. Durch seine Intransigenz, seine stark beamtenhaft ultrakonservative politische Gesinnung, seine schulmeisterliche und zum Teil despektierliche Behandlung der Studenten war er ein nicht ganz einfaches Element in der Fakultät. Er liebte es, Separatvoten abzugeben und hielt sich gesellschaftlich zu meiner Zeit von der Fakultät ziemlich fern. Noch während meiner Assistentenzeit hat er mich aufgefordert, mit ihm zusammen ein Drahtschema des Verlaufs der wichtigsten Gehirnbahnen zu machen für seinen anatomischen Demonstrationssaal. Dort wurde es mit der für ihn charakteristischen Signatur aufgestellt: Hasse direxit, Bonhoeffer fecit. Ich genoß deshalb im ganzen seine Gunst. Als Fakultätsmitglied mußte ich ihm aber gelegentlich die Enttäuschung bereiten, mich auf der anderen Seite zu sehen, was ihm, wie ich ihm ansah, schmerzlich war. Auch mir tat es leid, denn ich schätzte ihn im Grunde als einen zwar schrulligen, aber aufrechten Mann. Die übrigen Fakultätsmitglieder waren in wichtigen akademischen und Fakultätsfragen im ganzen ziemlich einheitlicher Meinung, wenn auch in ihrem Interesse an akademischen Fragen verschieden. Die Kliniker waren, wie überall, durch ihre angestrengte ärztliche Inanspruchnahme im ganzen weniger aktiv beteiligt als die Vertreter der theoretischen Fächer. Als unbestrittener Fakultätspapst galt der Hygieniker Flügge, Hannoveraner mit spitzem „St", alter Göttinger Korpsstudent, von guten Manieren, klug und ziemlich vorurteilslos, hatte er sein Institut in gutem Stand, war ganz bakteriologisch eingestellt. Charakteristisch für diese Richtung war die Antwort seines kleinen, damals wohl 5- bis 6jährigen Jungen, als ihm jemand die Hand gab: „Nicht Hand geben, Hand geben steckt an!" Flügge hatte ein offenes Ohr auch für die Anliegen der jungen Leute. Seine Beziehungen zum Ministerium waren gut, teils durch seine Freundschaft mit dem Personalreferenten Elster, der früher Ordinarius der Nationalökonomie in Breslau war, vor allem aber auch durch sein Geschick, die Dinge, die er durchsetzen wollte, sachlich gut zu begründen und zur Darstellung zu bringen. Meine Rückkehr nach Breslau war im wesentlichen auf seine Initiative in der Fakultät und im Ministerium zurückzuführen.

Ponfick, der Pathologe, alter Virchow-Assistent, auf dessen Nachfolge er wohl gerechnet hatte, galt als sehr erfahrener und guter Obduzent. Seine professorale Aufmerksamkeitsabgelenktheit ließ ihn zum Gegenstand zahlreicher Serenissimusanekdoten werden, unter denen die bekannteste die seiner Unterhaltung mit dem Examenskandidaten ist, der ihm sein Obduktionsprotokoll mit der Entschuldigung übergab, er habe versehentlich mit der Zigarette ein Loch in den Prüfungsbogen eingebrannt. Ponfick las es durch und konstatierte, als er die Rückseite des Bogens sah, erstaunt: „Ei, Ei, noch ein Loch." Auch seine Unterscheidung von gesunden und kranken Leichen gehört in dieses Kapitel. Filehne, der Pharmakologe, der Erfinder — ich erinnere mich nicht genau — des Pyramidons oder Antipyrins, war ein scharfsinniger wissenschaftlicher Kopf. In ein näheres menschliches Verhältnis zu ihm zu kommen, war kaum möglich, er war aber berühmt, vor allem durch seine erlesenen Dinners. Das einzige Buch, das in seinem Empfangszimmer auflag, war der alte Brillat-Savarin: „Psychologie du gout". Die Chirurgie war damals noch von Mikulicz vertreten, die innere Medizin von Strümpell, die Gynäkologie von Küstner, die Ophthalmologie von Uhthoff, alles namhafte Vertreter ihres Fachs. Mikulicz, der mir menschlich am nächsten stand, starb leider bald nach unserer Rückkehr nach Breslau an einem Karzinom. Eine schöne Erinnerung an ihn ist mir eine gemeinsame Konsultation in Abbazia, wo wir einige hübsche Tage zusammen hatten. Ich konnte meiner Frau hier zum ersten Mal das adriatische Meer zeigen. Mikulicz stand damals wohl schon unter dem Eindruck seiner Erkrankung. Ich erinnere mich, wie er bei einem gemeinsamen Aufstieg am Monte Maggiore mir unterwegs mehrfach seinen Puls zu fühlen gab mit der Bemerkung, daß seinem Herzen nicht mehr viel zuzumuten sei. Wir kehrten daraufhin um. Das hinderte ihn aber nicht, am Abend eine ungarische Kapelle, die im Hotel spielte und ihn in beste Stimmung brachte, zu bewirten und immer erneut Zigeunertänze spielen zu lassen, die ihm aus seiner Czernowitzer Jugend heimatlich bekannt waren. Mikulicz' Nachfolger wurde der Schweizer Garré, der mich seiner Zeit in Tübingen im Staatsexamen in der chirurgischen Instrumentenlehre geprüft hatte. Ich war damals nicht gut auf ihn zu sprechen. Er prüfte mich über das chirurgische Instrumentarium der alten Ägypter und Griechen und ließ das Thema nicht los, obwohl er sah, daß ich nichts davon wußte. Ich sehe noch die peinliche Situation vor mir auf der Anatomie in Tübingen, wie ich schweigend innerlich wütend in die sinkende Sonne nach dem Ammertal hinaussah und Garré unerbittlich weiterfragte. Ihm selbst war begreiflicher Weise die Situation nicht mehr in Erinnerung, als ich sie ihm später erzählte. Wir haben uns im Birkenwäldchen gut nachbarlich mit ihm und seiner Frau vertragen. Sie, selbst kinderlos, war unseren Kindern eine gute Tante. Mit ihm hatte ich gemeinsam Hirnoperatives zu tun. Ich lernte die ungewöhnliche Schnelligkeit und die schonende Art bewundern, mit der er mit Hammer und Meißel den Schädel öffnete. Mit seinem Nachfolger Küttner, der auch neurochirurgische Interessen hatte, war die Zusammenarbeit angenehm und angeregt. Mit der Augenklinik hatten wir einen regelmäßigen Untersuchungstag eingerichtet. Die sorgfältige Untersuchungsmethodik, wie sie damals Uhthoff und sein Oberarzt Axenfeld handhabten, war uns oft eine gute Hilfe. Uhthoff hatte aus seiner Berliner Tätigkeit, wo er mit Siemerling, Westphal und Möli die Nervenkranken der Charité untersuchte, reiche Erfahrung gesammelt. Mit Strümpell und Küstner waren die Klinikbeziehungen weniger eng. Doch hatte ich mit Strümpell durch Jahre hindurch bei einer hypochondrisch-depressiven alten Dame eine regelmäßige Konsultation, die nicht ohne eine gewisse Komik war und im wesentlichen in dem Anhören und Beschwichtigen ihrer Klagen bestand. Die Geduld Strümpells war dabei geradezu psychiatrisch vorbildlich, wenn er z. B. die Besorgnis der Patientin, daß sie sich vielleicht durch das Essen einer zu fetten Forelle geschadet habe, mit ernsthafter Eindringlichkeit zu beseitigen verstand.

Küstner hatte seine Klinik gut im Zuge mit einer etwas geheimrätlichen Note. Konsultative Hilfe anderer Kliniken wurde von ihm selten in Anspruch genommen. Persönlich waren wir ihm dankbar. Er hat uns bei der Geburt unserer Zwillinge und unserer Tochter Suse freundlich zur Seite gestanden. Ein Eingreifen wurde glücklicherweise nicht nötig. Wir denken an manchen hübschen Abend bei ihm und seiner Frau, einer liebenswürdigen Hamburgerin, zurück.

Adalbert Czerny, der Kinderkliniker, und der Dermatologe Albert Neisser waren damals noch nicht als Ordinarien in der Fakultät, hatten aber als Klinikleiter wie durch ihre wissenschaftliche Leistungen eine besondere Wertschätzung. Czerny hatte ich noch als Wernicke'scher Assistent im Hause Wernickes, mit dem er durch seine Frau verwandtschaftlich verbunden war, kennengelernt. Ein typischer Österreicher, der nach der damaligen Wiener Mode nie anders als im Cylinder zu sehen war. Er war von einem fast naiven aber berechtigten Selbstgefühl und von der Bedeutung seiner Leistung für sein Fach durchdrungen. In der Fakultät konnte er bei Widerspruch mit entrüstetem Gesichtsausdruck jäh aufbrausen, war aber ebenso rasch wieder beschwichtigt. Meine Frau und ich sind ihm besonders dankbar. Ich bin überzeugt, daß es sein Verdienst war, daß wir bei unseren 8 Kindern keine Magenstörungen erlebt haben, daß wir so gut wie niemals durch die Kinder gestörte Nächte hatten. Wir hielten uns streng an seine Ernährungsvorschriften, die keine „Überfütterung" der Kinder aufkommen ließen. Seine „Malzsuppe", die von der medizinischen Mode indessen wohl wieder verlassen worden ist, hat uns immer gute Dienste geleistet. Auch die Kindeskinder sind zum Teil noch unter Czernys Führung herangewachsen. Wir sind ihm und seiner Gattin, als wir uns in Berlin wiedertrafen, bis zu seinem Tode freundschaftlich verbunden geblieben.

Albert Neisser war ein anderer Typus, beweglich, sehr im Leben stehend, betriebsam und hilfsbereit, organisatorisch geschickt auch in der Beschäftigung seiner Hilfskräfte. Von ihm erinnere ich mich des Wortes „Was ein anderer für mich tun kann, werde ich mich hüten selbst zu machen". Als Entdecker des Erregers der Gonorrhöe und der Färbetechnik des Leprabacillus hatte er einen internationalen Namen und Zulauf der jungen Dermatologen. Ein tüchtiger Stamm von Assistenten beschäftigte sich vor allem mit der Syphilisforschung. Neisser war damals in der Vorbereitung seiner Java-Expedition. Er war hier nicht so glücklich, wie bei der Gonorrhöe. Während er in Batavia in großem Umfang Affenimpfungen machte, fand Schaudinn in aller Stille die Spirochäte. Neisser mußte sich mit Erfolgen sekundärer Ordnung bescheiden. Nächst der Wissenschaft lag ihm das musikalische Leben Breslau's am Herzen. Der Orchesterverein unter der Leitung Dohrn's hatte in ihm eine wichtige auch wirtschaftliche Unterstützung. Das Neisser'sche Haus in Scheitnig hatte eine gewisse Berühmtheit architektonisch als Repräsentant eines wohlhabenden bürgerlichen Besitzes der Vorkriegszeit und durch den von den Brüdern Erler ausgemalten Musiksaal, sondern auch durch die ungewöhnliche Gastlichkeit der Hauswirtin Frau Toni Neisser, die kinderlos, wie sie war, es sich zur Aufgabe machte, fast allabendlich Künstler, Schriftsteller, Dozenten und wer ihr sonst freundschaftlich nahestand, bei sich zusammenzuführen. Was an konzertierenden Künstlern durch Breslau kam, war dort zu treffen.

An der üblichen Geselligkeit Breslau's nahmen wir nicht allzuviel Anteil. Die heranwachsenden kleinen Kinder, zu denen nach unserer Rückkehr nach Breslau im Jahre 1906 die beiden Zwillinge Dietrich und Sabine und im Jahre 1909 Suse als letztes und 8. Kind kam, nahmen die Mutter so stark in Anspruch, daß für Gesellschaften wenig Lust und Zeit blieb. In engere Fühlung kamen wir vor allem mit den Familien, die selbst kleine Kinder hatten. Zu ihnen gehörten der Orthopäde Ludloff und seine Gattin mit ihrem Sohne Hanfried, der als einziges Kind in unserem kinderreichen Hause einen Ersatz für das Fehlen der Geschwister fand und unserem Ältesten für die Dauer freundschaftlich verbunden blieb. Zu diesem Kreis gehörte auch Hürthle mit seiner aus Tübingen geholten und mir von dort bekannten Frau Agnes, geb. Landerer, mit ihren den unserigen ziemlich gleichaltrigen Kindern und Richard Abegg, der indessen von Göttingen als Leiter der physikalisch-chemischen Abteilung des chemischen Instituts nach Breslau gekommen war. Mit ihm und seiner klugen und lebenstüchtigen Frau und ihren zwei kleinen Mädchen waren wir gerne zusammen. Er war von der alten Beweglichkeit, von lebhaften wissenschaftlichen und sportlichen Interessen. Sein Tod durch Absturz mit dem Ballon wurde in jener harmlosen, noch nicht an den Fliegertod gewohnten Zeit allgemein als tragisch empfunden und berührte uns, denen er immer treue Freundschaft gehalten hatte, besonders schmerzlich.

Mit dem Bezug der neuen Klinik, die im Frühjahr 1907 mit einer kleinen Feier in der Klinik in Anwesenheit eines Vertreters des Kultusministeriums und anschließendem Frühstück in der daneben gelegenen Dienstwohnung eröffnet wurde, konnte man auf eine Zeit ruhiger wissenschaftlicher Arbeit hoffen. Noch im Jahr zuvor hatte ich noch einmal ernsthafte Umzugsüberlegungen durch eine Berufung nach Tübingen. Die alte Heimat, die alten Eltern am selben Ort, eine schön gelegene und gut ausgestattete Klinik mit danebenstehender Dienstwohnung waren Dinge, die mich einige Jahre früher wohl kaum in Zweifel gelassen hätten, was zu tun wäre. Wie jetzt die Verhältnisse lagen, konnte ich mich nicht mehr entschließen, die eben der Fertigstellung entgegengehende Klinik im Stich zu lassen, umso mehr, als der Gesundheitszustand meines Vaters nicht erwarten ließ, daß wir noch mit einem längeren Zusammenleben in Tübingen rechnen konnten. Er selbst riet mir noch ab, mit der großen Familie in die kleinen Tübinger Verhältnisse zurückzukehren. So lehnte ich diese letzte Möglichkeit, in die Heimat zurückzukehren, ab. Es ist mir nicht leicht geworden, denn ich hatte hier alte Freunde, wie man sie im späteren Leben, besonders als viel in Anspruch genommener Kliniker, in der großen Stadt nicht mehr zu finden pflegt.

Daß die Errichtung der neuen Klinik nicht nur einem Bedürfnis des Unterrichts, sondern auch des Krankendienstes entsprach, zeigte sich an der Schnelligkeit, mit der sie belegt war. Durch die ungehinderte Aufnahmemöglichkeit konnte das Krankenmaterial nach neurologischen wie psychiatrischen Gesichtspunkten mannigfaltig gestaltet werden. Die Bettenzahl, die etwa 100 betrug, ließ es zu, einen Überblick über alle Kranken zu behalten und die zu den klinischen Vorlesungen geeigneten Kranken selbst auszusuchen. Der Unterricht in der Psychiatrie war inzwischen obligatorisch, die Psychiatrie Prüfungsgegenstand geworden. Der Unterricht konnte dadurch gründlicher gestaltet werden, daß ein Auskultantensemester dem Praktizieren vorangehen mußte und durch das zweisemestrige Hören der Gesamtstoff auf 2 Semester verteilt werden konnte. Daß das für die Ausbildung ein erheblicher Gewinn war, zeigte mir später der Vergleich mit Berlin, wo sich dieser Modus nicht durchführen ließ und die Mehrzahl der Studenten ohne Auskultantensemester praktizierten. Sie zeigten sich dem neuen Stoff gegenüber zumeist recht hilflos, so daß auf ein wirkliches Praktizieren eigentlich verzichtet werden mußte, um nicht zu viel Zeit zu verlieren.

Ich bekam eine Reihe guter interessierter Mitarbeiter. Paul Schröder, mit dem ich noch die letzte Zeit meiner Assistententätigkeit bei Wernicke zusammen gehabt hatte, nahm ich als Oberarzt, nachdem er sich noch in der Histopathologie des Gehirns bei Nissl eingearbeitet hatte. Franz Kramer hatte die Poliklinik. Die Abteilungsärzte waren Vix, Klieneberger, Sterz, Seelert und Stöcker. Ich ließ den Ärzten möglichste Selbständigkeit, wie ich sie selbst in meiner Assistentenzeit gewohnt war. Es ist ja kein Zweifel, daß dadurch bei sachlich interessierten Assistenten die Arbeitslust gefördert wird. Für mich selbst lag darin ein gewisser Verzicht, den ich gelegentlich als unangenehm empfand, insofern ich den kleinen neurologischen Techniken der Lumbal- und Hirnpunktion, der Myelo- und Encephalographie aus der Übung kam, weil ich sie den Abteilungsärzten nicht wegnehmen wollte. — Das Zusammenleben in der Klinik war, wie ich glaube, vorbildlich in der Kameradschaftlichkeit. Ich kann mich nicht erinnern, daß es je zu Konflikten gekommen wäre, wie man sie öfters aus anderen Kliniken zu hören bekam. Ich bin immer der Meinung gewesen, daß sich die Qualifikation zum Psychiater auch darin bekunden muß, daß nicht nur das Verständnis für Andersdenkende,

76

sondern auch die Beherrschung des Affektiven in besonderem Maße entwickelt wird. All die genannten Ärzte sind bei der Neurologie und Psychiatrie geblieben.

Die 5 Jahre von der Eröffnung der Klinik im Jahre 1907 bis 1912 verliefen in ruhiger, befriedigender, klinisch wissenschaftlicher Arbeit, vor allem auf dem Gebiete der symptomatischen Psychosen und der psychogenen psychischen Reaktionen. Die ersteren erfuhren eine zusammenfassende Darstellung in dem bei Deuticke erschienenen Handbuch im Jahre 1912, die letzteren in einem Referat auf der Jahresversammlung der Psychiater in Stuttgart 1911. Gelegentlich wurde es auch nötig, zur Paralysefrage Stellung zu nehmen. Nachdem durch den Nachweis des entzündlichen Charakters der Paralyse die bis dahin herrschende Meinung, daß es sich um einen toxisch-degenerativen Prozeß handele, der therapeutische Pessimismus schon etwas ins Wanken gekommen war, hatten die Salvarsanerfolge bei der Luesbehandlung einzelne Beobachter Heilerfolge auch bei der progressiven Paralyse voreilig mitteilen lassen. Tatsächlich ergab sich, daß die Paralyse sich auch dem Salvarsan gegenüber, wie den anderen spezifischen Luesmitteln gegenüber refraktär verhielt. Bei der herrschenden Salvarsanbegeisterung war es nötig, um dem Publikum Enttäuschungen zu ersparen, auf diese negative Seite der Salvarsanwirkung hinzuweisen.

In der Familie wuchs indessen die Kinderschar heran. Von Sorgen schwerer Art blieben wir verschont. Unter der Führung der Mutter entwickelten sich die Kinder in normaler Weise. Den Unterricht der Vorschulklassen gab die Mutter selbst. Sie wollte die Kinder nicht so früh aus der Hand geben. Um den Unterricht richtig schulmäßig zu gestalten, nahm sie aus befreundeten Familien einige gleichaltrige Kinder hinzu. Zeitweise waren es allmorgentlich 3 Klassen, die sie hintereinander in der eigens eingerichteten Schulstube unterrichtete. Wenn man bedenkt, daß daneben der Haushalt für die allmählich auf 10 Köpfe herangewachsene Familie mit den entsprechenden Anforderungen einherging, so versteht man, daß die Leistung einerseits Bewunderung, andererseits bei dem Berufselementarlehrer Kopfschütteln hervorrief. „Wenn ich der Mann dazu wäre", meinte der Vorschullehrer, dem meine Frau ihre Absicht vortrug, „würde ich sagen, schick' die Kinder in die Schule und kümmere Dich um die Wirtschaft." Tatsächlich waren die Erfolge durchaus zufriedenstellend. Auch der alljährlich prüfende Vorschullehrer mußte sich von dem guten Fortgang überzeugen. Beim Eintritt in die öffentlichen Schulen kamen alle bestens mit. So hatten die Kinder den Vorteil gehabt, nur eine Schulstunde täglich zu haben, die ihnen die Mutter so zu gestalten verstand, daß sie ihnen keine Last, sondern eine Freude war. Ein Vorzug dieses häuslichen Unterrichts lag auch darin, daß man nicht so frühzeitig an die Schulferien gebunden war,

sondern sich an die Universitätsferien halten konnte, wenn man die Kinder aufs Land
bringen wollte. Mit dem zahlenmäßigen Anwachsen der Familie wurde die Ferien-
unterbringung allmählich eine schwierige Raumfrage. Eine Zeitlang fanden wir im
„Linkehäuschen" in Krummhübel eine ländlich bäuerliche Unterkunft, wie wir sie für
unsere Stadtkinder wünschten und an der die Kinder hingen. Auf die Dauer schien
es aber doch wünschenswert, für die Kinder heimischer und auch wirtschaftlicher,
einen kleinen Besitz auf dem Lande zu haben. Wir fanden ihn 1910 in Wölfelsgrund
im Glatzer Gebirge in einem kleinen Seitentälchen am Fuße des Urnitzbergs unmittelbar am Waldhang mit einer Wiese, einem kleinen Bach, einer alten Scheune und einem
Obstbaum, auf dessen breiten Ästen ein Hochsitz mit einer kleinen Bank für die Kinder eingebaut war. Auch in späteren Zeiten blieb dieses Wölfelsgrunder Häuschen den
Kindern eine schöne Erinnerung. Diese Seßhaftmachung im schlesischen Gebirge war
eigentlich der Ausdruck unserer Überzeugung, daß wir in Breslau unser Leben beschlie-
ßen würden, ein Gedanke, der uns durchaus sympathisch war, zumal ja für den Uni-
versitätsprofessor durch die reichlichen Ferien immer die Möglichkeit bestand, irgend
einmal im Jahr in die schwäbische Heimat oder sonstwie herauszukommen. Diese Möglichkeit nahmen wir auch alljährlich wahr. Ich legte Wert darauf, daß meine Frau
wenigstens einmal im Jahr aus ihrem anstrengenden häuslichen Betrieb herauskam.
Es fand sich immer jemand, dem man die Oberaufsicht über die Kinder anvertrauen
konnte. In früheren Jahren war es die Großmutter Hase oder Hans Hase in Groß-
wandriß, später die Mutter aus Tübingen, Tante Emilie aus Stuttgart oder Else Heidenhain. Durch die zuverlässige Hilfe des Kindermädchens Luise und später des „Hörn-
chens" war die Belastung nicht allzu schwer. So konnten wir dank dieser Hilfen verhältnismäßig sorglos alljährlich einige Wochen reisen. Wien, der Semmering, die Dolo-
miten, Meran, Kastell Toblino, der Gardasee, Sestri Levante, Warmbad Villach, Nord-
wyk waren solche Ruhepunkte. Auch dienstlich hatte ich einmal eine Italienfahrt zu
machen als Deputierter des preußischen Kultusministeriums zu einem internationalen
Psychiaterkongreß in Mailand. Die Mutter begleitete mich und hörte sich auch die
Vorträge mit an. Sie hatte wahrscheinlich mehr von ihnen als ich mit meiner fremd-
sprachlichen Unzulänglichkeit. Nicht uninteressant war die Haltung der Italiener. Sie
war nicht unfreundlich gegen die Deutschen, gegen die Österreicher geradezu liebenswürdig, aber im ganzen doch durchaus mit ihren Sympathien viel mehr ententewärts
gerichtet. Bei einem Festbankett, bei dem der Saal mit den Fahnen der Nationen
geschmückt war, suchte ich vergeblich die deutsche. Das war im Jahre 1906. Ich ging
mit dem Gefühl nach Deutschland zurück, daß es mit unserem italienischen Bündnis

nicht allzu weit her sei. Die Stimmung schien mir noch unter dem Eindruck der Landung des Kaisers in Tanger und der Konferenz von Algeciras zu stehen. Ich kann aber nicht sagen, daß ich damals schon an ernsthafte Konfliktsmöglichkeiten dachte. Die lange Friedenszeit, die Phrase von der Unwirtschaftlichkeit eines Krieges für die Tripelentente und die wohl unzweifelhafte Friedensliebe des Kaisers hielt damals noch solche Gedanken fern. Die Neigung, die Verhältnisse als stationär zu betrachten, herrschte in der bürgerlichen Welt in weitem Umkreis vor.

Auch in unserem privaten Leben neigten wir dazu, den Breslauer Aufenthalt als endgültig zu betrachten. So war es uns äußerst überraschend und keineswegs eine Freude, als wir durch den unerwarteten Entschluß des Berliner Ordinarius für Psychiatrie und Neurologie, Ziehen, sein Amt niederzulegen, vor die Frage gestellt wurden, die Breslauer Stellung gegen Berlin einzutauschen. Ich hatte keinerlei Ehrgeiz, diese sogenannte erste Stellung innerhalb des Fachs zu übernehmen, fühlte mich auch für die zahlreichen äußerlich repräsentativen Aufgaben, die mit einem Berliner Ordinariat in jener Vorkriegszeit verbunden waren, nicht qualifiziert. Gerade als Nachfolger eines rhetorisch so gewandten Lehrers kam ich mir recht deplaciert vor. Andererseits konnten die Überlegungen wirtschaftlicher Art, die Möglichkeit, den Kindern in Berlin breitere Entwicklungsmöglichkeiten zu geben, nicht ganz beiseite gestellt werden. Sie gaben schließlich den Ausschlag, zumal auch mein Schwiegervater sich für Berlin aussprach und die Kinder selbst, soweit sie schon ein gewisses Urteil hatten — der älteste war 13 Jahre alt —, den Tausch wünschten.

Es ist verständlich, daß in den fast 20 Jahren, die ich mit der kurzen Königsberger und Heidelberger Unterbrechung in Breslau zugebracht habe, den Jahren, in denen sich meine berufliche Entwicklung und der Aufbau der Familie vollzogen hat, eine starke Verbundenheit mit der Stadt erwachsen war. Dabei spielte die Loslösung von einer liebgewordenen Patientenklientel, was bei einem Hausarzt ein wehmütig-schmerzhafter Akt sein kann, bei mir keine so wesentliche Rolle. Ich habe in Schlesien in Stadt und Land, auf Gütern und im oberschlesischen Industriebezirk viel ärztlich und menschlich Interessantes gesehen, bin auch manchen Menschen nahegekommen. Aber die Tätigkeit des Konsiliarius, auf die ich mich außerhalb der Klinik beschränkte, führt ihrer Natur nach nicht zu einem dauernden persönlichen Verhältnis, da es sich in der Regel nur um vorübergehende Beratungen handelt. Es kam hinzu, daß wir es nach Möglichkeit vermieden, gesellschaftlichen Verkehr mit der Patientenklientel zu pflegen, weil dies nur auf Kosten des Zusammenlebens in unserer großen Familie möglich gewesen wäre. Zum Veranstalten der in der Fakultät üblichen Winterdiners war in diesen Jahren, in denen 8 Kinder zur Welt kamen und aufgezogen werden mußten, kaum die Zeit. So blieb der Verkehr auf den Kreis der näheren Freunde beschränkt, wer mit uns zusammensein wollte, kam zwanglos zu uns. Das hinderte aber nicht, daß wir gelegentlich vergnügte Feste feierten, an denen sich vor allem die Assistenten der Klinik durch amüsante Aufführungen auszeichneten, wobei sich manches darstellerische Talent enthüllte, das man nicht erwartet hatte.

Berlin

Ich war schon von mehreren Kollegen darauf vorbereitet worden, daß man einige Jahre brauche, bis man sich in Berlin wohlfühle. Tatsächlich hatte das Einleben seine Schattenseiten. Schon die Wohnung in der Brückenallee (einer von den Charité-Klinikern geschätzten Gegend) mit dem üblichen Berliner Zimmer und dem langen anschließenden Korridor und daranliegenden nach dem Hof gehenden Zimmern hatte für die an das freie Breslauer Gelände gewöhnte Familie etwas verließartiges. Zwar meinte unser kleiner 11jähriger Philosoph Klaus zu dem kleinen nach dem Bellevuepark hinausgelegenen ummauerten Gärtchen, das sei doch nicht so schlimm, man könne ja doch immer nur an einer Stelle sein. Wir lernten auch bald die Annehmlichkeit, einen Überwohner zu haben, kennen in einer Dame, die die Gewohnheit hatte, nachts zwischen 1 und 2$^1/_2$ Uhr in Begleitung ihrer Bedienten im Verlauf einer Stunde und unter Hin- und Herrücken ihrer Möbel zu Bett zu gehen, was zu ärgerlichen Tag- und Nachtbesuchen Anlaß gab und dem erholsamen Schlaf nicht dienlich war. Diesen hatte ich in jener ersten Zeit ziemlich nötig, denn die Belastung war ziemlich stark. Die klinischen Vorlesungen waren mit Ausnahme des Sonnabends täglich. Dazu kamen gleich zu Beginn Kurse für Militär- und Kreisärzte, so daß ich täglich vier Stunden und länger Vorlesungen zu halten hatte. Es hatte ja ein gewisses Interesse, dasselbe Gebiet von den verschiedenen Gesichtspunkten des Studenten, des Sanitätsoffiziers und des beamteten Arztes zu behandeln, aber es blieb doch bei meiner an sich nicht übermäßig großen Neigung zur Lehrtätigkeit eine ziemliche Auflage. Im Laufe des ersten Jahres mußte ich auch den üblichen Tribut der Charité-Ärzte in Gestalt einer heftigen septischen Angina entrichten, die mit einer unangenehmen Iritis kompliziert war. Dank der Hilfe von Kraus, Killian und Krückmann kam die Sache aber bald in Ordnung.
Für den klinischen Betrieb mit seiner Fülle von psychiatrischen und neurologischen Krankenzugängen stand mir die Unterstützung eines großen Mitarbeiterkreises zur Verfügung. Es waren bis zu 3 Dutzend und zeitweise noch mehr Ärzte an Klinik,

Poliklinik und Laboratorien tätig. Bei diesen Zahlen ließ sich das Verhältnis zu den Assistenten natürlich nicht mehr so patriarchalisch gestalten, wie in Breslau. Immerhin konnte ich die regelmäßigen Referierabende, die ich in Breslau in meiner Wohnung bei Tee und Brötchen abgehalten hatte, in der Bibliothek der Klinik wieder einrichten. Die zu Anfang übliche Begleitung bei den Krankenvisiten durch den großen Stab von Assistenten und Volontären war mir nicht angenehm. Gerade auf den psychiatrischen Abteilungen hat dies wohl mehr als in anderen klinischen Disziplinen etwas mißliches. Die Patienten scheuen sich im allgemeinen, vor einem so großen Kreis sich richtig auszusprechen. Es gibt allerdings auch andere, die sich dadurch angeregt fühlen, diese sind aber doch in der Minderzahl. Späterhin ließ ich mich nur von den Ärzten der einzelnen Abteilungen begleiten.

Ich darf dankbar feststellen, daß ich im Laufe der Jahre eine große Anzahl ausgezeichneter Mitarbeiter an der Klinik hatte. Von Breslau hatte ich Franz Kramer und Seelert mitgebracht, Schröder blieb zunächst in Breslau, um die Vertretung der Klinik bis zur Ankunft des neuen Leiters zu übernehmen. Er kam dann noch kurze Zeit an die Klinik als Oberarzt, wurde aber bald nach Greifswald gerufen. Forster und Borchardt blieben von der Ziehen'schen Klinik bei mir und waren mir, da sie über die Charité-Verhältnisse orientiert und klinisch erfahren waren, eine wertvolle Hilfe. Beide sind früh gestorben, Borchardt noch während seiner Assistentenzeit, Forster als Leiter der Greifswalder Nervenklinik. Von den später Hinzugekommenen nenne ich: Albrecht, Betzendahl, Burlage, Creutzfeld, Jossmann, Pohlisch, Roggenbau, Rüsken, Scheller, Schulte, Thiele und Zutt. Sie alle haben sich im Laufe der Jahre zu wissenschaftlich anerkannten Fachvertretern entwickelt und ich bin mit fast allen in freundschaftlichem Verkehr geblieben. Es wäre Unrecht, wenn ich nicht auch der langjährigen weiblichen wissenschaftlichen Mitarbeiter gedächte: Kucher, Brosowski, Bormann, Möllmann und Seidemann.

Eine traditionelle enge wissenschaftliche Beziehung bestand seit Griesingers Zeiten zwischen der Klinik und der Berliner Neurologischen Gesellschaft. Die monatlich stattfindenden Sitzungen gaben den Ärzten der Klinik die Gelegenheit, was sie an wissenschaftlich Mitteilsamem hatten, vor den zahlreichen Berliner Neurologen und neurologisch interessierten Ärzten vorzutragen und in den regelmäßig erscheinenden Berichten zu veröffentlichen. Ohne Zweifel lag in dieser sich bequem darbietenden Möglichkeit ein Ansporn, das Beobachtete wissenschaftlich zu vertiefen. Die Vorbereitung der Sitzungen lag im wesentlichen in den Händen des Klinikleiters, der zumeist auch der Vorsitzende der Gesellschaft war.

Neben diesen Aufgaben waren noch nebenamtliche wissenschaftliche Betätigungen mit der Stellung verbunden: Die Mitgliedschaft der wissenschaftlichen Deputation und des Senats des Heeres-Sanitätswesens. Bei der ersteren handelte es sich in Friedenszeiten vorwiegend um die Oberbegutachtung zweifelhafter Geisteszustände, die von den Provinzialkollegien vorbegutachtet und irgendwie von Gerichten oder anderen Instanzen beanstandet waren, oder bei denen ein allgemeines Interesse vorlag, die oberste Instanz gutachtlich zu hören. Im Senat des Heeres-Sanitätswesens traten die Einzelbegutachtungen zurück gegenüber allgemeineren Fragen. Die Einstellung psychopathischer Individuen, die Frage der Endo- oder Exogenität nervöser Erkrankungen im Hinblick auf die Frage der Dienstbeschädigung u. a. waren Gegenstand der Erörterungen. Schließlich kam noch die Mitgliedschaft beim Reichsgesundheitsrat, der seltener tagte. Bei ihm spielten die psychiatrisch-neurologischen Fragen keine wesentliche Rolle. Es standen vor allem epidemiologische und bakteriologische Probleme zur Erörterung. Bei den Epidemien der Poliomyelitis und der Encephalitis kamen auch die Neurologen zum Worte.

Die starke dienstliche Inanspruchnahme jedes einzelnen Fakultätsmitgliedes führte unwillkürlich dazu, daß die Arbeit in den Fakultätsfragen selbst auf das unumgänglich Notwendige beschränkt wurde, d. h. vor allem auf die Habilitations- und Berufungsfragen. Diese wurden aber eingehend und sachlich beraten. Es war das noch eine Zeit, in der die Stimme der Fakultäten einen wesentlichen Einfluß auf die ministeriellen Entschließungen hatte. Allgemeine grundsätzliche Fragen kamen selten zur Erörterung. Gelegentlich machte ein Vertreter der theoretischen Fächer den Versuch, das Niveau der medizinischen Dissertationen und der Doktorprüfung zu heben, ohne daß ein Dauererfolg zu erreichen gewesen wäre. Im ganzen war man zufrieden, die laufenden Geschäfte dem Dekan und dem alten eingespielten Oberpedellen überlassen zu können.

Nächst dem Gynäkologen Franz war ich der jüngste in der Fakultät. Senior war Waldeyer, der bis in das 80. Lebensjahr das Anatomische Institut leitete und seine Vorlesungen abhielt. Er hatte die Eigentümlichkeit, bei Sitzungen und Vorträgen in jenen Jahren mit geschlossenen Augen zuzuhören. Man glaubte ihn schlafend, aber bei der Besprechung hinterher zeigte es sich, daß er keineswegs geschlafen, sondern gut aufgemerkt hatte. Nach den Fakultätssitzungen pflegte man bei Böttcher oder im „Prinzen Carl" zusammenzusein, und man sah dann Waldeyer mit His zusammen eine übliche Flasche Sekt mit Burgunder als Schlaftrunk konsumieren. In den Sitzungen selbst nahm Rubner den Platz neben dem Dekan ein. Er hatte nach Engelmanns

Abgang von der Hygiene zur Physiologie herübergewechselt und fühlte sich als Repräsentant der Berliner akademischen Tradition. Mit bajuvarischer Deutlichkeit und nicht ohne Schärfe pflegte er seine Meinung zu sagen. Besonders sein Nachfolger in der Hygiene, Flügge, hatte es nicht leicht, da Rubner nicht darauf verzichtete, in die Belange der Hygiene hineinzureden. Flügge, den ich in Breslau in der Fakultät in einer ähnlich autoritativen Stellung erlebt hatte, war allmählich etwas konfliktscheu geworden und entzog sich gerne den Aggressionen durch Fernbleiben von den Sitzungen. Orth, der Pathologe, Nachfolger Virchows, war ein ausgezeichneter Obduzent, durch seine Objektivität und seine Fähigkeit zu klarer, präziser Darstellung und guter Beherrschung des Wortes sicherlich ein besonders guter Lehrer. Eine gewisse Empfindlichkeit trat manchen Klinikern gegenüber bei ihm in Erscheinung. Er verübelte es ihnen mit Recht, wenn sie es unterließen, bei den Obduktionen anwesend zu sein und die anatomische Kontrolle ihrer Diagnose verabsäumten.

Unter den Klinikern standen mir Kraus und Krückmann schon durch ihre räumliche Nachbarschaft nahe. Ich hätte gerne bei Kraus einen alten Wunsch zur Ausführung gebracht, meine interne Ausbildung durch Hören der Kraus'schen Klinik aufzufrischen, aber der Alltag war so ausgefüllt, daß ich den Entschluß nicht zur Durchführung bringen konnte. So mußte ich mich begnügen, im persönlichen Verkehr von dem einfallsreichen Internisten zu lernen, wo es anging. Mit Krückmann und seinen Assistenten ließ sich, wie in Breslau in der Uhthoff'schen Klinik, eine regelmäßige ophthalmologische Kontrolle unserer neurologischen Fälle durchführen. Die chirurgische Klinik der Charité leitete damals Hildebrandt. Zu ihm bestanden lebhafte Beziehungen, weil wir unsere Hirnfälle ihm überwiesen. Die ruhige, einfache und zuverlässige Art, die er im Leben zeigte, charakterisierte auch sein chirurgisches Vorgehen. Man brauchte bei ihm kein gewaltsames, die Besonderheit des Organs nicht respektierendes operatives Handeln zu befürchten. Mit August Bier, der außerhalb des Charité-Komplexes stand, hatte ich seltener Gelegenheit zu operativer Zusammenarbeit. Es war aber nicht uninteressant, zuzusehen, mit welchem Geschick er am Schädel mit Meißel und Holzhammer umging.

Das gesellschaftliche Leben spielte sich für uns neu Hinzugekommenen in jener Vorkriegszeit innerhalb der Fakultät im wesentlichen in den üblichen Diner-Einladungen ab, die ziemlich üppig waren. Bei der starken beruflichen Inanspruchnahme aller Mitglieder pflegten sie erst um 7 oder 8 Uhr abends stattzufinden mit zahlreichen rasch servierten Gängen und verhältnismäßig kurzem Zusammensein nach dem Essen, so daß ein näheres Kennenlernen kaum in Betracht kam. Mit den der Brückenallee näher gelegenen Familien Kraus, Krückmann, Franz und Bier, von denen die drei letzteren auch Kinder im Alter der unseren hatten, sah man sich häufiger. Ein Teil dieser Kinder nahm an dem Unterricht, den meine Frau unserer Jüngsten gab, teil.

Eine besondere Note hatte der Verkehr im Hause der Großmutter Babette Kalckreuth geb. Meyer, der zweiten Frau des Großvaters Stanislaus Kalckreuth. Sie wohnte in dem einstöckigen Eckhaus der Bellevue- und Tiergartenstraße, das ihr Vater noch als Sommerwohnung außerhalb Berlins gebaut hatte. Man wurde hier in einen Kreis der alten Berliner Gesellschaft aus der Zeit der 60er und 70er Jahre des vorigen Jahrhunderts versetzt. Man traf hier Marie v. Olfers, ihre Schwester, Frau Abeken, die Frau des Mitarbeiters von Bismarck, den alten General v. Wildenbruch, ein Bruder des Dichters, den Theologen Graf Baudissin, Frau v. Willesen u. a. Marie v. Olfers und ihre Schwester Frau Abeken waren nahezu 90 Jahre alt, besonders Marie v. Olfers hatte ihren alten Charme, freute sich an unseren Kindern und beschenkte sie mit ihren liebenswürdigen kleinen Zeichnungen und Verschen. Die Großmutter Babette war noch als Babette Meyer mit dem Fürsten Bismarck und seiner Frau und vor allem mit seiner Schwester Malle befreundet gewesen. In ihren Papieren fanden sich noch Telegramme von Bismarck, in denen er seinen Besuch in ihrem Landhaus in Hosterwitz anmeldete. Einen ausgedehnten Briefwechsel mit der Schwester des Fürsten, Malle, habe ich nach dem Tode der Großmutter der Witwe des Grafen Wilhelm v. Bismarck überlassen. Der Gegensatz dieses geistig interessierten Kreises aus einer anderen Zeit und einem betont einfachen Lebensstil zu dem gehetzten, betriebsamen und gesellschaftlich üppig gesteigerten Leben war augenfällig und ausruhsam. Graf Baudissin hat nach dem Tode der Gräfin 1916 in der „Deutschen Rundschau" ein anschauliches Bild dieser ungewöhnlichen Frau und ihres Kreises gegeben.

Die Bestellung des Leiters einer der Charité-Kliniken brachte es mit sich, daß bei dem Rufe, den die Charité hatte, auch die konsultative Praxis bald einen ziemlichen Umfang annahm. Die zahlreichen Ausländer, die in Berlin Heilung für ihre Leiden suchten, pflegten mit Vorliebe auch die Fachvertreter in der Charité zu konsultieren. Es war eine nicht uninteressante Klientel, die sich aus Südamerikanern, Südafrikanern, Indern, Spaniern, Russen und den Balkanvölkern zusammensetzte. Sie kamen oft mit Bündeln von Rezepten von Pariser, Wiener und englischen Ärzten an. Ihre Hoffnung auf die deutschen Ärzte mußte leider vielfach enttäuscht werden, da es sich sehr häufig um unheilbare Leiden handelte. Hinzu kam das Interesse der praktischen Ärzte aus Berlin, die den neuen Fachordinarius als Konsiliarius kennenlernen wollten und nicht zuletzt das der psychopathischen Neurotiker, für die der Nervenarzt und seine Sprechstunde einen Teil ihres Lebensinhaltes bildete. Diese Kategorie, die in jener Zeit vor dem Kriege im Westen Berlins sich in reichem Maße vorfand, suchte ich mir bald fernzuhalten, da es gegen das Interesse meiner eigentlichen Aufgaben war, eine Dauerbehandlung dieser zeitraubenden Klientel zu übernehmen. Derartige Patienten haben ja auch selbst ein Gefühl dafür, welche Ärzte für sie passen und verlieren sich von selbst, wenn sie sich nicht ausreichend gewürdigt fühlen.

Daß die eigentliche Aufgabe, die Lehr- und wissenschaftliche Tätigkeit, sich in Berlin anders gestaltete als in den kleineren Verhältnissen der Provinzialuniversität, sah ich bald. Es war mir schon bei der Übernahme der Berliner Professur klar, daß das Vielerlei der laufenden Geschäfte einer stillen wissenschaftlichen Arbeit nicht zuträglich war. Ich hatte mich aber mit dem Gedanken getröstet, ähnlich wie mein Vorgänger nach etwa 8 Jahren, nachdem ich das große Berliner Krankenmaterial kennengelernt hatte, mich in eine kleinere Universität zur ruhigen Verarbeitung meiner klinischen Erfahrungen versetzen zu lassen. Ich hätte dann Anfang der 50er Jahre gestanden, einem Alter, in dem man noch mit einem Ortswechsel der akademischen Lehrtätigkeit rechnen konnte. Man war in den langen Friedensjahren daran gewöhnt, die Verhältnisse als so stabil zu betrachten, daß man ohne Bedenken mit langfristigen Plänen glaubte rechnen zu dürfen.

Vorläufig hatte ich noch mancherlei aus der Breslauer Zeit zu bearbeiten, zunächst die zweite Auflage meiner „Symptomatischen Psychose", einen Abschnitt im Lewandowsky'schen Handbuch über den erworbenen Hydrocephalus, der sich im wesentlichen auf Breslauer Erfahrungen stützte, klinisch-anatomische Befunde zur Lehre von der motorischen Sprachbahn und der symmetrischen Herde im Gebiete des Schläfen- und Parietalhirns u. a.

Mit der Lehrtätigkeit mußte ich mich, wie gesagt, umstellen, insofern es Berliner Tradition war, daß das Gesamtgebiet der Psychiatrie und Neurologie in einem Semester behandelt werden mußte, d. h. der Praktikantenschein wurde auf Grund einmaligen Hörens ohne Auskultantensemester ausgestellt. Das abzuändern ging nicht ohne weiteres, da der Lehrplan der Kaiser-Wilhelm-Akademie, der Ausbildungsstätte der künftigen Sanitätsoffiziere, so festgelegt und nicht leicht umzustoßen war. Abgesehen davon, daß es kaum zu schaffen ist, Neurologie, allgemeine und spezielle Psychiatrie in einem Semester auch nur einigermaßen vollständig zu bringen, ließ bei der mehrere hundert Praktikanten zählenden ganz ungeübten Hörerschaft, die dem Fach und der Untersuchungstechnik noch ganz fremd gegenüber steht, das Praktizieren fast zu einer reinen Formalität werden, wenn man den Stoff selbst nicht ganz vernachlässigen wollte. Die Psychiatrie war als Prüfungsfach noch jung und es herrschte vielfach noch die Meinung,

die historisch begründet war und auch von manchen inneren Klinikern noch vertreten
wurde, daß die psychiatrische Klinik sich damit zu begnügen habe, Diagnose, Behandlung und Begutachtung anstaltsbedürftiger Geisteskranker dem Studierenden zu ver-
mitteln. Ich hielt es deshalb für geboten, in meiner Antrittsvorlesung über den „Wert
der psychiatrischen Untersuchungsmethoden für den praktischen Arzt" dem Studenten klarzumachen, daß der psychiatrische Unterricht für den künftigen Arzt mehr
bedeuten kann und bedeuten soll. Es war vor allem auf zwei Punkte hinzuweisen, in
denen sie die anderen klinischen Lehrfächer wesentlich ergänzen kann. Die anderen
Kliniken suchen objektiv greifbare und sichtbare Befunde und halten sich in der Behandlung begreiflicherweise an diese. Subjektive Klagen des Patienten werden ohne greif-
baren Befund leicht in das Gebiet der Hysterie und Übertreibung verwiesen. Die
Psychiatrie hat es überwiegend mit subjektiven Symptomen zu tun. Sie hat das Gesetz-
mäßige, das auch innerhalb dieser Symptome liegt, aufzuzeigen. Sie lehrt den Studierenden, die Aufmerksamkeit auch der Bedeutung der psychischen subjektiven Erscheinungen zuzuwenden. Ein zweites ist die für den Psychiater durch die Natur der Erkrankung gegebene Nötigung, den Patienten in seiner ganzen Lebensentwicklung zu verfolgen. Es ergibt sich so aus der psychiatrischen Untersuchungstechnik gewissermaßen
als Nebenerfolg eine Erweiterung der Betrachtungsweise, insofern der Student lernt,
bei Erkrankungen die Gesamtpersönlichkeit im Auge zu behalten. Das kann ihn in
vielen Fällen von unzweckmäßigem ärztlichem Handeln abhalten und gibt ihm Sicherheit in der Gesamtbeurteilung seines Patienten. Es schärft ihm auch den Blick für den
Anteil, den das Psychische und die Individualität bei körperlichen Krankheiten hat.
Die Erfahrung, daß Ärzte, die eine gute psychiatrische Vorbildung haben, besonders
gute Hausärzte werden, hängt wohl mit dieser, auf die Gesamtpersönlichkeit eingestellten Betrachtungsweise zusammen. Gerade in Berlin, wo die Ärzteschaft noch sehr
unter dem Einfluß der Oppenheim'schen Lehre von der organischen Natur der traumatischen Neurose stand, schien es mir wichtig, die Bedeutung des Psychischen besonders
zu betonen. Daß dieser Hinweis am Platze war, ergab sich in der Folgezeit bei den
Kriegserfahrungen.

Für die Entwicklung eines persönlichen Verhältnisses zu den einzelnen Studenten, das
ich mir oft gewünscht habe, ist der psychiatrische Kliniker in einer überhaupt wenig
günstigen Lage. Er wird erst in den letzten Semestern und nur während eines, höch-
stens 2 Semestern gehört. Dazu kommt, daß die große Zahl der Hörer den einzelnen
nur selten zum Praktizieren und zur unmittelbaren Berührung mit dem Lehrer kaum
kommen läßt. Es ist in Berlin fast die Regel, daß man den einzelnen Kandidaten erst

in der Staatsprüfung kennenlernt. Diese Bekanntschaft hat für den Kandidaten natürlich nicht immer die erforderliche Harmlosigkeit.

So vergingen die beiden ersten Berliner Jahre mit dem Bekanntwerden und Einleben in der Berliner Umwelt. An einen kommenden Krieg glaubte man nicht recht, wenn auch die Einkreisung durch die Triple-Entente als unheimlich empfunden wurde. Ich erinnere mich allerdings aus dem Winter 1913/14 in einer Gesellschaft mit einigen Generalstäblern das beunruhigende Gefühl bekommen zu haben, daß man mit einer kriegerischen Auseinandersetzung bald zu rechnen habe. Im Ganzen beruhigte man sich aber in dem Bewußtsein, daß der Kaiser trotz seiner Neigung zu großen Worten in seinen gelegentlichen rhetorischen Entgleisungen von „schimmernder Wehr“ und dergleichen im Grunde von unzweifelhafter Friedensliebe war und in der oberflächlichen Hoffnung, daß die vielfach verbundenen internationalen wirtschaftlichen Interessen einen kriegerischen Konflikt zu verhindern im Stande sein würden, bis der Mord von Sarajewo auch den politischen Laien den Ernst der Lage für Österreich und damit auch für Deutschland zeigte. Wir riefen die Kinder, die in den Ferien bei der Tübinger Großmutter und zum anderen Teil in Friedrichsbrunn im Harz in unserem neuen Landhäuschen waren, das wir anstelle des Wölfelsgrunder erworben hatten, zurück, so daß wir am Tage der Kriegserklärung alle acht zuhause hatten. Als besonders eindrucksvoll aus jener erregten Zeit ist mir in Erinnerung der Abend am Tage der englischen Kriegserklärung, an dem wir mit den 3 Jungen Unter den Linden waren. Die in den Tagen zuvor gesteigerte Mitteilsamkeit der auf den Straßen, vor dem Schloß und vor den Regierungsgebäuden sich bewegenden Menge war einer düsteren Schweigsamkeit gewichen, die ein außerordentlich bedrückendes Bild ergab. Die Schwere des bevorstehenden Kampfes wurde offenbar auch der Masse der Bevölkerung klar und die Hoffnung auf eine rasche Beendigung des Krieges schwand für die Einsichtigen mit dem Eintritt Englands in die Reihe der Feinde.

Zur Zeit des Kriegsbeginns stand ich im 46. Lebensjahr, also jenseits des dienstpflichtigen Alters. Ich hatte seinerzeit, sobald es angängig war, als Stabsarzt d. L. den Abschied genommen, um frei beweglich und dem Zwang der Kontrollversammlungen entzogen zu sein. Militärischen Ehrgeiz hatte ich nicht. Es war nun in der neuen Lage zu überlegen, ob ich mich als Stabsarzt reaktivieren lassen und mich im Kriege ganz allgemein zur Verfügung stellen sollte. Ich gestehe, daß ich keine große Neigung hatte, mich in die militärärztliche Laufbahn ganz generell einreihen zu lassen. In der Chirurgie war ich ganz aus der Übung, und auch im Bereich der Infektionskrankheiten fühlte ich mich keineswegs so sicher, wie es mir notwendig schien. In Betracht kam sachlich nur die

Verwendung im psychiatrisch-neurologischen Fachgebiet. Nach einer Rücksprache mit dem Generalstabsarzt v. Sjerning wurde ich zum facharztlichen Berater für Psychiatrie und Neurologie beim Garde-Corps bestellt mit dem Verbleib in meiner klinischen Stellung in der Charité. So glaubte ich mich am ehesten nützlich zu erweisen, und als solcher habe ich mich während des Krieges neben meinem akademischen Beruf auch betätigt. Der Krieg hat unserem Fachgebiet in mancher Hinsicht und gerade in Fragen, die mich in den Jahren vor dem Krieg beschäftigt hatten, wichtige Belehrungen gebracht. Es waren das die Fragen der sogenannten Erschöpfungspsychosen und der hysterischen Reaktionen. Bald nach Kriegsbeginn hatte ich Veranlassung, aus Anlaß der sogenannten Granatexplosionslähmungen, die in zunehmender Zahl mit den Erscheinungen der Geh- und Steh-Unfähigkeit, Sprach- und Stimmverlust, des Zitterns, gelegentlich kombiniert, mit Delirien und Scheinblödsinn auftraten, darauf hinzuweisen, daß es sich um eine hysterische Fixierung des vasomotorischen Symptomkomplexes der Schreckwirkung handle. Die häufige Verkennung dieser Zustände als organische Schädigung des Zentralnervensystems ließ befürchten, daß die alte Oppenheim'sche Lehre von der traumatischen Neurose als einer organischen Erkrankung ein Anwachsen dieser Reaktionen begünstige und die Behandlung auf einen falschen Weg führe. Wie zu erwarten, hielt Oppenheim — es war im Herbst 1914 — in der Diskussion an seiner alten Auffassung fest. Einen wesentlichen Beitrag zu meiner Auffassung, daß die hysterische Reaktion Ausfluß mehr oder weniger bewußter Wünsche der Selbstsicherung sei, glaube ich durch meine Beobachtungen an der Verdun-Front geliefert zu haben. Es ergab sich dort ein in die Augen springender Unterschied des Verhaltens der in die Lazarette eingelieferten aus der Gefechtslinie kommenden Deutschen und der kriegsgefangenen Franzosen. Bei den Deutschen fanden sich die bekannten hysterischen Reaktionen in großer Häufigkeit, während bei den Franzosen, die aus derselben Frontsituation kamen, nichts von Hysterie zu sehen war. Für sie war die Lebensgefahr geschwunden. „Ma guerre est finie", war die übliche Redewendung. Es lag kein Anlaß mehr für sie zur Krankheitsdarstellung vor. Zur weiteren Sicherung meiner Auffassung erbat ich mir die Genehmigung zum Besuch einer Anzahl von Kriegsgefangenenlagern. Es ließ sich die Beobachtung bestätigen, daß die hysterische Reaktion hier keine Rolle spielte. Nur 2 Hysterien fand ich bei Soldaten, bei denen die Frage des Austausches zur Erörterung stand. Daß es sich dabei nicht etwa um eine besondere Anfälligkeit des deutschen Soldaten handelte, ergab sich aus einer Diskussion in der Pariser Neurologischen Gesellschaft aus derselben Zeit, in der auf dieselbe Gefahr in den Lazaretten hinter der Front bei den französischen Soldaten hingewiesen wurde. Die Erfahrungen im weiteren Fortgang des Krieges mit der Suggestivbehandlung dieser Zustände ließen keinen Zweifel an der Richtigkeit der Auffassung der Psychogenese dieser Zustände. Es war aber auch die Feststellung in den Gefangenenlagern nicht uninteressant, daß die zahlreichen emotionalen Momente des Gefangenendaseins — Monotonie, fehlende Berufstätigkeit, Heimweh, die abnormen sexuellen Bedingungen — keinerlei Hysterie auslösende Bedeutung hatten.

Auch auf einem anderen Gebiet des Ursachenstudiums der Geisteskrankheiten waren die Kriegsbeobachtungen lehrreich. Sie zeigten, daß den exogenen Schädigungen der Erschöpfung, der akuten infektiösen Schädigungen, der Schädeltraumen bei dem Zustandekommen der schizophrenen, manisch-depressiven und sonstigen endogenen Erkrankungen eine wesentliche Bedeutung nicht zukommt. Ich habe mir damals die Berichte der Ärzte aus den Serben-Gefangenenlagern, in denen zehntausend Soldaten mit den schwersten körperlichen Erschöpfungszuständen sich befanden, geben lassen. Das Fehlen spezifisch nervöser Erscheinungen wurde ausdrücklich betont. Insgesamt wurden auf diese 10 000 nur 5 Psychosen gezählt. Ähnlich war das Ergebnis aus den Hirnverletzten-Stationen und den Typhus- und Ruhr-Lazaretten. Im ganzen kann man sagen, daß das große Experiment des Krieges eine außerordentliche Festigkeit und Anpassungsfähigkeit des Gehirns erwiesen hat, daß andererseits das konstitutionell labile Nervensystem des Psychopathen auf das Kriegserlebnis vor allem mit Reaktionen hysterischen Charakters antwortet.

Von dem vielen, was der Krieg bei Nerven- und Hirnschüssen an neuem Einzelwissen der Klinik zuführte, sei nur darauf hingewiesen, daß die Beobachtung lehrte, daß die Rückbildungsmöglichkeit zentraler Ausfallserscheinungen sich bei den Kriegshirnverletzten erheblich besser zeigte als man nach den bisherigen Erfahrungen angenommen hatte. Das lag ohne Zweifel daran, daß die Friedenserfahrungen zumeist an älteren Individuen mit cerebraler Arteriosklerose oder sonstwie Hirnkranken gemacht worden waren. Das jugendliche Gehirn zeigt bei systematischem Üben und dem erforderlichen therapeutischen Elan eine weitgehende Ausgleichbarkeit der Ausfälle. Das führte zur Gründung von Hirnverletzten-Heilstätten an zahlreichen Orten, in denen mit Hilfe geschulter handwerklicher und pädagogischer Fachkräfte die Gelähmten, Aphasischen oder sonstwie cerebral Beschädigten zu einer für sie geeigneten Erwerbstätigkeit ausgebildet wurden. Die Erfolge dieser Heilstätten waren durchaus ermutigend. Es wurden bis zu 80% wieder ins Erwerbsleben zurückgeführt. In Berlin hatte sich aus finanziell leistungsfähigen Kreisen eine Vereinigung gebildet, die für die einzelnen Hirnverletzten-Institute Mittel bereitstellte für spezielle therapeutische Aufgaben, die über die pflichtmäßige Leistung der Fürsorge-Verbände hinausgingen und die das wissenschaftliche Zusammenarbeiten der Institute unterstützen sollte. Die ärztliche Beratung des Vereins lag mir ob. Es handelte sich im wesentlichen um Bereitstellung von Mitteln für apparative Einrichtungen. Ein wissenschaftliches Zusammenarbeiten der Institute erwies sich auf die Dauer als nicht erforderlich, nachdem in einer gemeinsamen Sitzung die wesentlichsten in Betracht kommenden Fragen geklärt waren, so daß der Verein bald nach Kriegsende sich auflösen konnte.

In der Familie erlebten wir bald in den ersten Kriegsmonaten die ganze Schwere der Zeit durch den Tod und die schweren Verwundungen bei den Söhnen meines Bruders und der Schwägerin Hanna von der Goltz und vieler anderen uns nahestehenden Familien. Vom Jahre 1916 ab wuchsen die Sorgen um die zureichende Ernährung der acht heranwachsenden Kinder. Die Sorge war besonders für die 3 ältesten Jungen dringend, da sie sich allmählich dem Alter näherten, in dem der Eintritt in das Heer in Frage kam. Man mußte sehen, sie einigermaßen kräftig zu halten, damit sie den zu erwartenden Strapazen standhielten. Der Mangel an Milch, Fett und Eiern führte zu Überlegungen, Ziegen und Hühner zu halten. Mit aus solchen Gründen zogen wir trotz der Umzugsschwierigkeiten im Kriege im Frühjahr 1916 in ein Einfamilienhaus mit Garten in der Wangenheimstraße im Grunewald, wo eine solche kleine landwirtschaftliche Hilfe sich durchführen ließ. Tatsächlich brachte uns die Haltung einer und zeitweise zweier Ziegen einen merkbaren Zuwachs zur Ernährung. Weniger glücklich war der Ankauf von jungen Hühnern, die sich später als Hähne entpuppten.

Im Jahre 1917 traten die beiden ältesten, Karl-Friedrich als Kriegsfreiwilliger, Walter als Fahnenjunker ins Heer ein. Sie wollten zur Infanterie, als der Waffe, die am dringlichsten gebraucht würde. Wir hätten sie lieber bei einer weniger gefährdeten Truppe gesehen, legten ihnen aber nichts in den Weg, da wir nicht Vorsehung spielen wollten. Anfänglich bei verschiedenen Regimentern, waren sie beide später zusammen als Fahnenjunker bei den 5. Garde-Grenadieren. Sie hatten nicht die Absicht, späterhin Offiziere zu werden. Karl-Friedrich hatte den festen Plan, physikalische Chemie zu studieren und ging mit Physikbüchern im Tornister ins Feld. Walter, der uns schon als Kleinkind durch eine erstaunlich frühe und gute Sprachentwicklung und sprachliche Ausdrucksfähigkeit auffiel, zeigte das auch in seiner weiteren Entwicklung. Im Reifezeugnis für Deutsch wird ihm die Note „Sehr gut" und „eine ausgesprochene Fähigkeit, selbst schwierige Gedankengänge in klarem und gefälligem Deutsch auszudrücken" bescheinigt. Seine Liebe galt der Natur und dem Wald. In unserem Sommerhäuschen im Harz war er meist mit Sonnenaufgang im Walde. Er kannte alle Vögel und konnte sie locken. Als passionierter Jäger freundete er sich überall, wo er war, mit den Förstern an und war schon früh ein ausgezeichneter Schütze. Ich war Zeuge, wie er mit der Kugel einen kreisenden Falken schoß. Als aber das Tier dann tot vor ihm niederfiel, war er so erschüttert, daß er in Tränen ausbrach. Als Fahnenjunker siegte er bei einem Offiziers-Preisschießen über den bisher als besten Schützen anerkannten Offizier zu dessen lebhaftem Ärger. Seine Liebe zum Wald ließ ihn daran denken, später das Forstfach zu studieren. Ob er dabei geblieben wäre, ist mir fraglich.

Mit 5 anderen Fahnenjunkern wurde er im Frühjahr 1918 nach einem Ausbildungskurs in Spandau, wo wir noch oft mit ihm zusammenkamen, wieder zu seinem Feldregiment geschickt. Schon beim Vormarsch am 23. April, wo der begleitende Offizier sie geschlossen auf der beschossenen Straße marschieren ließ, schlug eine Granate in den Zug, tötete mehrere und verletzte die übrigen. Walter bekam mehrere Granatsplitter in beide Beine, die nach dem Bericht der Ärzte zunächst harmlos erschienen. Es entwickelte sich aber eine Phlegmone, an der er nach 8 Tagen im Feldlazarett am 28. April 1918 starb. Der Bericht über die Verschlechterung kam gleichzeitig mit der Todesnachricht. Aus den im Lazarett geschriebenen, nachträglich an uns gelangten Briefen sahen wir, wie sehnsüchtig er auf einen Besuch gewartet hatte und ich kann auch heute nicht ohne Selbstvorwurf daran denken, daß ich nicht trotz der beruhigenden Telegramme mit dem ausdrücklichen Vermerk, daß mein Kommen unnötig sei, doch sofort zu ihm abgereist bin. Noch drei Stunden vor seinem Tod nach einem letzten operativen Eingriff diktierte er seinem Pfleger einen Brief, den ich hier folgen lasse:

„Meine Lieben! Heute hatte ich die zweite Operation, die allerdings viel weniger angenehm verlief, weil tiefere Splitter entfernt wurden. Ich mußte dann auch hinterher 2 Kampferspritzen — in Abständen natürlich — bekommen, hoffe aber, daß damit der Fall gänzlich erledigt ist. Meine Technik, an den Schmerzen vorbei zu denken, muß auch hier herhalten. Doch gibts jetzt in der Welt interessantere Sachen als meine Verwundung. Der Kemmelberg mit seinen möglichen Folgen und das uns heute als besetzt gemeldete Ypern gibt uns viel zu hoffen. An mein armes Regiment darf ich gar nicht denken. So schwer waren für es die letzten Tage. Wie mags den anderen Fahnenjunkern gehen? Voll Sehnsucht denkt an Euch alle, Ihr Lieben, Minute um Minute der langen Tage und Nächte

Euer noch so weit entfernter Walter."

Diese Verbindung einer die eigene Person zurückstellenden, um seine Kameraden, sein Regiment und das Vaterland bangenden charakterlich reifen Haltung mit einer kindlich-anhänglichen Sehnsucht nach dem Elternhaus ist charakteristisch für ihn und wahrscheinlich für viele der in den ersten Jünglingsjahren in den Tod geschickten Jugend. Ich denke an die Studentenregimenter von Ypern, die in den Tod gingen und die uns heute so sehr fehlen.

Glücklicherweise verlief die Verwundung, die unsern Ältesten in den letzten Oktoberkämpfen traf, harmloser. Auch der dritte Sohn, Klaus, war indessen als Ordonanz nach dem Hauptquartier in Spaa beordert, eben 17 Jahre alt. Er erlebte dort die Flucht des Kaisers nach Holland und war Augenzeuge, als Hindenburg nach der letzten Besprechung mit dem Kaiser das Konferenzzimmer verließ, „starr wie eine Statue in Gesicht und Haltung", ein Eindruck, von dem er meinte, daß er ihn nie vergessen könne.

Nachkriegszeit

Ähnlich eindrucksvoll, wie sich mir seinerzeit das Straßenbild am Abend der englischen Kriegserklärung Unter den Linden erhalten hat, ist mir der Morgen des 9. November 1918, als ich vom Lehrter Bahnhof über die Invalidenstraße zur Charité ging, im Gedächtnis geblieben. Ungeordnet marschierende Truppenteile, untermengt mit Zivilisten, die Plakate mit der Aufschrift: „Nicht schießen!" trugen, blasse, abgehungerte Gestalten, schweißbedeckt, die erregt gestikulierend auf die Soldaten einsprachen, ihnen — soweit sie noch widerstrebten, die Gewehre aus der Hand rissen, auf dem Fußsteig daneben andere, die sich fernhielten und vielleicht rascher wie sonst ihrer Arbeitsstätte zueilten. Schüsse fielen nicht. In meiner Klinik stellte sich mir der Pförtner mit roter Kokarde auf der Treppe entgegen, offenbar mit der Absicht, mir den Zutritt zu meinem Dienstzimmer zu verwehren oder wenigstens in eine Erörterung darüber mit mir einzutreten. Als ich keine weitere Notiz von ihm nahm und wie sonst mit dem üblichen Gruß an ihm vorüber in mein Zimmer ging, verzichtete er auf weiteren Einspruch. Etwas grotesker gestaltete sich der Empfang des Chefs in einer Nachbarklinik. Ein Assistent hielt den Zeitpunkt für gekommen, um den Chef zu duzen, ihm das Haus zu verbieten und ihm zu erklären, daß er nunmehr die Leitung der Klinik übernommen habe. Auch hier ließ sich ohne Brachialgewalt mit Hilfe des Personals das ordnungsgemäße Verhalten ohne Schwierigkeiten wieder herstellen. Nirgend kam es in dem großen Krankenhausbetrieb zu Gewalttätigkeiten und gröberen Verstößen gegen die Krankenhausdisziplin. Auch von Seiten der psychopathischen Klinikinsassen, von denen anderwärts vielfach von Revolten berichtet wurde, ereignete sich nichts Beunruhigendes. Verhältnismäßig viel Zeit wurde in den ersten Monaten mit den Betriebsräten und ihren Forderungen verbraucht. Das Hauptthema war die Durchführung des 8-Stundentags. Ärztlicherseits wurden ungünstige Auswirkungen auf die Sicherheit der Krankenüberwachung in den psychiatrischen Abteilungen bei dreimaligem Wechsel des Personals befürchtet. Eine Einigung konnte schließlich dadurch erzielt werden, daß anstelle des schematischen dreimaligen Schichtwechsels der zweimalige Wechsel beibehalten und entsprechende dienstfreie Tage eingelegt wurden. Ernsthafte Versuche von Laienseite, in die ärztlichen Ressorts einzugreifen, wie sie bei psychiatrischen Instituten bei Psychopathen-Herrschaft leicht vorkommen, wurden in der Klinik nicht praktisch. Im ganzen ließ sich der ärztliche Dienst und die Krankenversorgung allmählich wieder auf normale Friedensverhältnisse einstellen, natürlich mit den Einschränkungen, die durch die außerordentlich schlechte Ernährungslage bedingt waren. So war es z. B. nicht möglich, die für nahrungsverweigernde Kranke notwendige künstliche Ernährung in der richtigen Zusammensetzung herzustellen und den abgehungert eingelieferten Kranken eine sachgemäße Diät zu verordnen. Die Folge war, daß die Mortalität noch längere Zeit erheblich über der Friedensziffer blieb und Erkrankungen zur Beobachtung kamen, die wir in Friedenszeiten nicht kannten und die ohne Zweifel auf die unzureichende Ernährung zurückzuführen waren. So machten mir Anfang der 20er Jahre Erkrankungen diagnostische Schwierigkeiten, die mit eigentümlichen Hautveränderungen und mit symptomatisch-psychischen Begleiterscheinungen einhergingen und die fast ausnahmslos zum Tode führten. Es handelte sich um Pellagra-Erkrankungen. Erst später, als die Ernährungsverhältnisse reichlicher und gehaltsreicher gestaltet werden konnten, gelang es durch stark vitaminhaltige Ernährung, diese Kranken am Leben zu halten. Mitte der 20er Jahre kamen diese Erkrankungen zum Verschwinden.

Auch sonst hatte sich das Bild der Krankenaufnahmen in mancher Hinsicht verändert. Der chronische Alkoholismus war mit Kriegsende so gut wie gänzlich verschwunden. Das zeigte sich vor allem in dem Ausbleiben der Alkoholdelirien unter den Aufnahmen. Ihr Auftreten ist ja bekanntlich ein sicherer Hinweis auf jahrelangen Alkoholmißbrauch. Gegenüber einem Hundertsatz von 39 Ende der 80er Jahre war er jetzt unter 1 und fand sich im wesentlichen nur innerhalb des Alkoholgewerbes. Aber auch mit der Wiederkehr der Trunkmöglichkeit ist das Delir eine seltene Krankheit geblieben. Es war also offenbar nicht allein der Mangel an Spirituosen während des Krieges, der dem Rückgang des chronischen Alkoholismus zugrundelag. Tatsächlich hatte sich schon Anfang des Jahrhunderts eine absteigende Tendenz des Schnapskonsums bei der

arbeitenden Bevölkerung eingestellt. Durch die Hebung der Lebenshaltung kam der Übergang vom Schnaps zum Bier, Sport und Aufklärung wirkten zusammen, den Mißbrauch einzuengen und die chronischen Alkoholerkrankungen seltener zu machen. Das macht es verständlich, daß mit dem Wegfall der Zwangsabstinenz des Krieges nicht das befürchtete Anwachsen der alkoholischen Erkrankungen einsetzte. Die in der Medizinalstatistik der Nachkriegszeit zum Ausdruck kommende Zunahme des Alkoholismus bezieht sich nicht auf den chronischen Alkoholismus, sondern auf akute Alkoholreaktionen von Individuen, die unterernährt und des Alkohols entwöhnt waren und vor allem auf Psychopathen. Diese Änderung des Alkoholismusbildes in der Nachkriegszeit liegt in einer Ebene mit der Änderung, die die Psychopathien in der Nachkriegszeit überhaupt zeigten. Es war jetzt kein Anlaß mehr für den Psychopathen, sich in hysterischer Krankheitsdarstellung ins Lazarett zu flüchten, um den Kampferlebnissen zu entgehen. Es sind vor allem die stimmungsbelebenden Reizmittel gewesen, denen sie nun mehr oder weniger süchtig anheimfielen. Schon gegen Kriegsende war zu beobachten, daß vor allem jugendliche Psychopathen, die den Anstrengungen nicht gewachsen waren, sich in den Revierstuben um Belebungs- und Reizmittel bemühten und sich auch solche, vor allem Kokain, zu verschaffen wußten. Die Bekanntschaft mit dem Morphium wuchs im Kreise der Kriegsverletzten während des Krieges natürlich erheblich. Mit dem militärischen Zusammenbruch kamen durch Diebstahl und Verschleuderung aus den Heeresbeständen große Mengen Morphium und Kokain im Schleichhandel ins Publikum. Die Folge war ein Anschwellen der Aufnahmen an Morphinismus und Kokainismus in der Klinik. In den ersten Nachkriegsjahren übertraf die Zahl der Morphinisten in der Klinik nicht selten die der Alkoholisten. Es handelte sich so gut wie ausnahmslos um Psychopathen, und zwar auch bei den durch Kriegsverwundung beim Morphium Verbliebenen. Erst Ende der 20er Jahre ebbten die Zahlen ab.
Eine bemerkenswerte Illustration für die Abhängigkeit der Leistungsfähigkeit, wie auch der Krankheitsanfälligkeit der Psychopathen von der Art der Umweltsverhältnisse zeigt ein Blick auf die Medizinalstatistik in der Sparte Neurasthenie etc. bei den Frauen. In den ersten Kriegsjahren trat — offenbar unter dem Einfluß des Verantwortungsbewußtseins, an die Stelle der ins Feld gerückten Männer treten zu müssen — ein augenfälliger Abfall der Krankheitskurve der psychopathischen Reaktionen der Frauen ein. Der Ehrgeiz, in der freiwillig übernommenen Mehrarbeit im Dienste für die Allgemeinheit sich zu bewähren, ließ die egozentrischen Krankheitsgefühle zurücktreten. Das änderte sich im letzten Kriegsjahr und nach dem militärischen Zusammenbruch. Die Psychopathen-Morbidität stieg bei den Frauen erheblich über den Friedens-

durchschnitt. Mit dem Wegfall des Ansporns der Kriegsspannung und mit dem entmutigenden Ausgang des Krieges stellte sich die Krankheitsbereitschaft der psychopathischen Persönlichkeiten wieder ein. Mitte der 20er Jahre war der Friedensdurchschnitt wieder erreicht.

Mit dem, was die Klinik als Sammelbecken von psychopathischen Reaktionen zeigte, ist das Psychopathenproblem natürlich noch nicht erschöpft. Die Klinik gibt ja nur einen kleinen Ausschnitt. Die Auswirkungen des Psychopathentums in der Allgemeinheit läßt sich statistisch nicht ausreichend erfassen. So ist nicht festzustellen, was z. B. aus dem Heer der bettelnden Zitterer und Schüttler geworden ist, die man nach Kriegsende allerwärts auf der Straße sah. Auch die Kriminalstatistik gibt keine ausreichende Klärung. Gerade die vielleicht wichtigste Seite der Kriegseinwirkungen auf das Psychopathenproblem entzieht sich der zahlenmäßigen Prüfung. Wenn man bedenkt, daß nach Art der militärischen Aushebung wie nach der charakterlichen Qualität gerade die sozial bedenklichen Psychopathentypen in verhältnismäßig großen Zahlen den Krieg überlebten, während etwas über 1 Million im Alter von 19—29 Jahren stehender junger Männer gefallen ist, so ergibt sich für den Volkskörper eine sicher nicht als belanglos anzusehende Verschiebung im Sinne des relativen Anwachsens der Minderwertigen und eines bedrohlichen Ausfalls sozial und biologisch wertvoller Männer. So ist der moderne Krieg in seiner Wirkung das Gegenteil einer guten Auslese. Bei einer Besprechung der psychopathischen Folgeerscheinungen des Krieges habe ich beim Hinweis auf diesen dysgenischen Charakter des modernen Krieges der Hoffnung Raum gegeben, daß das Erbgut der gesunden Frauen, für die der Krieg ja nicht diese Bedeutung hat, mit der Zeit vielleicht den Schaden in gewissem Umfange wieder ausgleichen könne, wenn der jungen Generation Zeit gelassen würde, in ein Lebensalter zu gelangen, ihr gesundes Erbgut weiterzugeben und aufzuziehen, also durch eine lange Friedenszeit. Wie wenig solche Gedanken selbst in Köpfen, die sich auf ihre Ideen von Rassenaufbesserung etwas zugute taten, Verständnis fanden, zeigt das bekannte Wort Hitlers: „Jede Generation muß ihren Krieg haben."

Das persönliche Leben in der Familie stand in den ersten Jahren der Nachkriegszeit unter dem Einfluß des Nahrungsmittelmangels und der zunehmenden Inflation, die ihre höchste Höhe im Jahre 1924 erreichte, als die Mark schließlich auf einer Billion stand. Am 1. jeden Monats ging man mit der prall mit Papierscheinen gefüllten Aktenmappe nach Hause. Die Aufgabe war, alles möglichst rasch in Ware, d. h. in Nahrungsmittel, umzusetzen, da zu erwarten stand, daß innerhalb weniger Wochen oder auch Tage der fortschreitenden Entwertung wegen für das Geld nichts mehr zu bekommen war. In diese Zeit fiel die Auszahlung meiner beiden Lebensversicherungen von je 50 000 Mark. Ich hatte den Kindern versprochen, für die Auszahlungssumme noch eine Flasche Wein und Erdbeeren erstehen zu wollen. Tatsächlich ergab sich aber, daß die Flasche Wein wegfallen mußte — es reichte nur noch für ein Pfund Erdbeeren! Ein schmerzliches Ergebnis der in jungen Jahren ziemlich mühsam gemachten Ersparnisse. Die inflationistische Entwertung führte viele Ausländer nach Deutschland, die, was an Werten noch vorhanden war, aufzukaufen suchten. Ganze Straßenzüge gingen in ausländischen Besitz über. Aus diesem Ausländerpublikum kamen auch manche in die ärztliche Sprechstunde und man kam so gelegentlich in den Besitz von einigen Dollars. Als Beispiel der Bewertung des Dollars erinnere ich mich, daß ich einen viertägigen Aufenthalt auf der Jahresversammlung des deutschen Vereins für Psychiatrie in Jena zusammen mit meiner Frau und in Begleitung eines Kollegen einschließlich Hin- und Rückreise mit 5 Dollars bestreiten konnte.

In die Zeit der Inflation fiel im Jahre 1922 meine Berufung nach München, an die Stelle des dort abgehenden Klinikleiters Kraepelin, der sich auf die Leitung des von ihm gegründeten Forschungsinstituts zurückzog. Das landschaftlich verlockende München, die Rückkehr nach Süddeutschland, verbunden mit der Möglichkeit, in einen wissenschaftlich angeregten Kreis von Fachgenossen einzutreten, hatte viel Anziehendes und ließ mich die Umsiedlung ernsthaft in Erwägung ziehen. Dazu kam das lebhafte Drängen des temperamentvollen damaligen Dekans der Münchner Fakultät Sauerbruch, mit dem mich alte Breslauer Beziehungen verbanden, als er noch Assistent bei Mikulicz war. Schwierigkeiten ergaben sich bei der Abgrenzung der Kompetenzen zwischen Klinik und Forschungsinstitut. Ich scheute die Möglichkeit, aus solchem Anlaß eventuell späterhin in Konflikt mit Kraepelin zu kommen, mit dem ich bisher immer in gutem Einvernehmen gestanden hatte. Dazu kam die Unsicherheit der durch die Inflation gegebenen wirtschaftlichen Verhältnisse, die ich im Hinblick auf meine sieben in der Ausbildung befindlichen Kinder nicht außer Betracht lassen konnte. Eine kleine Abstimmung im Familienkreise ergab bei den Kindern den ziemlich einheitlichen Wunsch, in Berlin zu bleiben. Sie waren im Laufe des zehnjährigen Berliner Aufenthalts mit ihrem Freundeskreis sehr verwachsen. Da schließlich auch kein dringender Anlaß bestand, sich von Berlin wegzuwünschen, verzichtete ich, wenn auch nicht ohne Skrupel, auf München.

Wie stark die Verbundenheit unserer Kinder mit Berlin war, zeigten die folgenden Jahre. Sie standen im Zeichen der Heirat unserer Kinder, zunächst der Töchter Ursula, Christel und Sabine in den Jahren 1923, 1925 und 1926, alle drei mit Juristen, Ursula mit dem Sohn eines Tübinger Studiengenossen von mir, Rüdiger Schleicher,

Christel mit einem früheren Kameraden vom Grunewald-Gymnasium, Hans von Dohnanyi, damals noch Justizreferendar, Sabine mit Gert Leibholz, Privatdozent für
Staatsrecht. Im Jahre 1929 folgte die Jüngste, Suse, mit dem Dozenten für Kirchen-
recht, Walter Dreß, und im Jahre 1930 die Söhne Carl-Friedrich mit der Schwester
von Christels Mann, Grete von Dohnanyi, und Klaus mit der Tochter Emmy des
benachbarten Hauses Hans Delbrück.

Das waren innerhalb 7 Jahren 6 Hochzeiten, dazu kam noch als siebente die der langjährigen Hausgenossin und Erziehungshelferin „Hörnchen", die den Klassenlehrer von
Klaus heiratete. Was das für die Mutter an Arbeit und Wegen von Geschäft zu Geschäft
bedeutete, in dieser inflationistisch und in der Substanz verarmten Stadt den erforderlichen Hausrat, der doch auch im Rahmen des eigenen Geschmacks bleiben sollte, für
die jungen Ehen zusammenzubringen, wird dem empfangenden Teil meist erst später
klar. Es ist erstaunlich, was bei einer solchen Neuschöpfung eines Haushalts und beim
Suchen nach dem notwendigen Inventar in den Läden von der Mutter an Ausdauer
geleistet wird, wo der Mann nach kürzester Zeit ermattet versagt. Es ist, als ob der
Mutterinstinkt beim Nestbau der nächsten Generation einen erneuten Antrieb be-
käme.

Es war für uns Eltern ein beruhigender Gedanke, daß die neu in die Familie gekom-
mene Jugend uns eigentlich nicht neu war, sondern dem Freundeskreis der Kinder
entstammte oder, wie bei Rüdiger Schleicher, durch alte schwäbische Beziehungen uns
nicht fremd war.

Der Umzug von der Brückenallee nach dem Grunewald hatte uns in eine verhältnismäßig stille Gegend, die man fast als Professorenquartier bezeichnen konnte, gebracht.
In nächster Nähe wohnten: Delbrück, Harnack, His, Hertwig, Planck, unmittelbar
unserem Haus gegenüber wohnten in dem von Messel erbauten großen Landhaus Schöne's, mit denen die Mutter verwandtschaftlich verbunden war. Mit ihnen und ihrer
Tochter Johanna, der Bildhauerin, entwickelte sich bald ein freundschaftliches Verhältnis. Sie hat uns durch eine schöne Büste unseres gefallenen Walters eine große
und dauernde Freude gemacht. Die Verbindung eines klaren, vorurteilsfreien Urteils
mit warmherziger Weiblichkeit machte sie bei uns und auch den Kindern zu einem
gerne gesehenen Gast und ihr Rat wurde immer gerne gehört. Ihr früher Tod nach
langem, mit vorbildlicher Haltung getragener Herzerkrankung war ein trauriges
Erlebnis. Der Vater Schöne hatte die Generaldirektion der Museen seit Jahren niedergelegt und lebte seinen wissenschaftlichen und Kunstinteressen. Wir verehrten in ihm,
dem damals bald Achtzigjährigen, einen Repräsentanten besten preußischen hohen

Beamtentums von strenger Rechtlichkeit, Sachlichkeit, hohem Verantwortungsgefühl bei einer umfassenden Bildung. Noch aus der Zeit des alten Kaisers Wilhelm, trug er schwer an der Zeit. Das Regiment Wilhelms II. hatte ihn schon frühzeitig mit großer Sorge für Deutschlands Zukunft erfüllt. Über den Ausgang des Krieges machte er sich keine Illusionen, nicht weniger pessimistisch sah er aber auch auf die Weimarer Republik. Er hatte unter den drei Kaisern viel erlebt. Leider war durch ein Alters-Ohrleiden der sprachliche Verkehr mit ihm sehr erschwert, so daß er sich in der Unterhaltung im allgemeinen schweigend verhielt — zu rücksichtsvoll, um sich durch wiederholtes Fragen zu orientieren. Seine Bedeutung für die Entwicklung der Berliner Museen wird hoffentlich bald durch seine Lebensgeschichte, die ein langjähriger Mitarbeiter geschrieben hat, ins richtige Licht gesetzt werden.

Das Haus Schöne war auch in anderer Hinsicht für uns eine dankenswerte Bereicherung unseres Verkehrs. Wir hatten unsere Mutter im 81. Lebensjahr von Tübingen hierher verpflanzt, nachdem ihr dort der alte Freundeskreis zum großen Teil weggestorben war, und wir hier im Grunewald die Möglichkeit hatten, ihr in unserem Hause mit Garten eine nette Wohnmöglichkeit zu bieten. Es entwickelte sich für sie mit der originellen und warmherzigen alten Tante Schöne bald ein freundschaftliches Verhältnis, das ihr das Einleben erleichterte. Nach dem Tode der Eltern Schöne war es vor allem Georg Schöne, der im Kampf mit der nationalsozialistischen Stadtverwaltung in Stettin die Leitung des dortigen Städtischen Krankenhauses niedergelegt hatte und nach Berlin übergesiedelt war, mit dem wir dauernd freundschaftlich verbunden blieben, der uns in allen Krankheits- und anderen Nöten ein treuer Freund geblieben ist und in dem wir die besten geistigen und charakterlichen Qualitäten seines Vaters sich fortsetzen sahen.

Im übrigen beschränkte sich der Umkreis unseres Verkehrs im ganzen auf die durch die Verheiratung der Kinder uns nahegebrachten Familien und die jungen Familien selbst. Die Schwierigkeiten der Wohnungsbeschaffung nach dem Kriege brachten es mit sich, daß der Dachstock unseres Hauses zu Anfang vorübergehend die Wohnstätte zunächst für die Schleicher'sche und später für die Klaus'sche Familie wurde. So wurde im Großelternhaus der erste Enkel, Hans-Walter Schleicher, unter erheblichen Sorgen für uns und den jungen Ehemann geboren, da die Mutter an einer hochfieberhaften Phlebetis im Wochenbett erkrankte. Nach 3 Wochen war unter der fürsorglichen Hilfe von Professor Franz, des Charité-Gynäkologen, die Gefahr beseitigt. Glücklicherweise blieben uns bei dem Erscheinen der späteren 17 Enkel solche ernsten Wochenbettsorgen erspart, wenn man auch nicht sagen kann, daß sie ganz fehlten. Im ganzen zeigten sich die Schwiegertöchter auf diesem Gebiete glücklicher veranlagt, als die eigenen. Die Schwiegertochter Emmy pflegte selbst unmittelbar nach der Geburt telefonisch zu melden, daß sich ein Enkelkind eingefunden hatte.

Es war der natürliche Gang des Lebens, daß sich die Kinderhaushalte allmählich von dem Berliner Mittelpunkt loslösten. Karl-Friedrich ging als ordentlicher Professor nach Frankfurt am Main, nachdem ihm eine Reihe anderer Lehrstühle in Zürich, Harvard, Breslau und Charkow in Rußland angeboten war, Schleichers nach Stuttgart, Dohnanyis nach Hamburg, Dreßens nach Dorpat, Dietrich nach Abschluß seiner theologischen Prüfungen nach Barcelona, Leibholzens als Professor des Staatsrechts nach Greifswald und später nach Göttingen. Der einzige, der in Berlin blieb, war Klaus, der sich als Rechtsanwalt niederließ, nachdem ihm in seiner Referendarzeit die richterliche Tätigkeit ziemlich verekelt worden war durch einen bürokratischen, verständnislosen Vorgesetzten. Seiner Niederlassung ging voran ein einjähriger Aufenthalt in Genf und eine halbjährige Tätigkeit im Bankfach bei Königs in Amsterdam, dem Mann von Cousine Anna Kalckreuth. Unsere Vereinsamung dauerte nicht lange, da Hans Dohnanyi von Hamburg als Hilfsarbeiter ins Justizministerium berufen wurde, Dietrich kam als Dozent an die Berliner theologische Fakultät und auch Dreß kehrte nach zweijährigem Aufenthalt in Dorpat in seine Berliner Dozentur zurück. Rüdiger Schleicher wurde ins Verkehrsministerium hierher geholt.

So hatten wir Ende der 20er und Anfang der 30er Jahre das Gefühl, die Kinder in Berufen, die ihrem Interessenkreise entsprachen, zu wissen und die allgemeine Lage schien bei Brünings Kanzlerschaft die Gewähr zu geben, daß außenpolitisch und wirtschaftlich eine Zeit der Verständigung und des Aufstiegs sich anbahnte.

Der Sieg des Nationalsozialismus im Jahre 1933 und die Ernennung Hitlers zum Reichskanzler betrachteten wir von vornherein und zwar einheitlich in allen Gliedern der Familie, als ein Unglück. Die Abneigung und das Mißtrauen gegen Hitler begründete sich bei mir auf seine demagogischen Propagandareden, sein Sympathietelegramm in der Potembaschen Mordangelegenheit, seine Autofahrten durchs Land mit der Reitpeitsche in der Hand, die Auswahl seiner Mitarbeiter, über deren Qualitäten uns hier in Berlin vielleicht mehr Einzelheiten bekannt waren als anderwärts, schließlich auf das was an psychopathischen Eigenschaften von ihm im Kreise der Fachkollegen kursierte. Im Jahre 1918 waren die Verhältnisse in der Charité nach dem Zusammenbruch zunächst auch unerfreulich gewesen, aber es stellte sich damals doch nach relativ kurzer Zeit und lebhaften Diskussionen über den Acht-Stunden-Tag die Möglichkeit ruhiger Arbeit bald wieder her, ohne wesentliche Behinderung durch politische Instanzen.

Diesmal war es anders. Junge, bis dahin unbekannte Volontärärzte kamen als Beauftragte der Partei zu den Klinikleitern mit dem Ansinnen, die jüdischen Ärzte sofort zu entlassen. Einzelne ließen sich hierdurch beeinflussen. Der Hinweis, daß nicht die Partei, sondern das Ministerium in diesen Dingen zu befinden habe, wurde mit Drohungen beantwortet. In der Fakultät machte der Dekan den Versuch, die Mitglieder zu veranlassen, kollektiv der Partei beizutreten. Durch den Widerspruch Einzelner konnte das abgewiesen werden. Auch hinsichtlich der verlangten Entlassungen jüdischer Assistenten hielt das Ministerium sich zunächst zurück. Aber es blieb eine systematische Bespitzelung der einzelnen Kliniken über das Verhalten der Ärzte der Partei gegenüber. Das bis dahin ungestörte kollegiale Verhältnis zwischen den Klinikärzten ging durch gegenseitiges Mißtrauen vielfach verloren. Die Partei hatte wohl an jeder Klinik einen Vertrauensmann, der über die einzelnen Ärzte und über die einzustellenden Assistenten an die Partei berichtete, ohne dem Klinikleiter davon Mitteilung zu machen. Im Ganzen kann von meiner Klinik gesagt werden, daß die Mehrzahl der Assistenten dem Druck widerstand. Die Klinik war aber der „Dozentenführung" ein Dorn im Auge. Es gelang mir auch — wohl als einziger Klinik in der Charité —, die Aufstellung eines Hitlerbildes bis zu meinem Abgang im Jahre 1938 zu verhindern. Um so größer war die Hitlerbüste, die von meinem Nachfolger im Vestibül der Klinik aufgestellt wurde.

Eine nicht sehr angenehme Aufgabe fiel mir bald zu Anfang als Vorsitzendem des Deutschen Vereins für Psychiatrie im April 1933 zu. Der Zufall wollte es, daß die Jahresversammlung des Vereins, deren Eröffnung mir oblag, mit dem Geburtstag Hitlers zusammenfiel. Der Vorstand hatte beschlossen, daß dieses Geburtstages in der ersten Ansprache Erwähnung zu tun sei. Ich entledigte mich dieses Auftrags in einem Satze des Inhalts, daß der Verein im Gedenken dieses Tages der Arbeitslosenfürsorge Würzburg einen Betrag von 500 Mark überweisen werde.

Die Gelegenheit, eine Reihe prominenter Pgs. kennenzulernen, gab mir der Auftrag, den Reichstagsbrandstifter Lubbe psychiatrisch zu untersuchen und zu begutachten. Sie hatten sich in größerer Zahl bei Gelegenheit der Verhandlungen vor dem Reichsgericht in Leipzig zusammengefunden. Die Köpfe, die man bei dieser Veranlassung sah, waren zum großen Teil in ihrem Gesichtsausdruck unerfreulicher Natur. Bei den Vernehmungen vor Gericht stach die Ruhe und bemühte Sachlichkeit des Präsidenten der Reichsgerichtssitzung gegenüber der Insolenz der vernommenen Pgs. in erfreulicher Weise ab. Einen intellektuell überlegenen Eindruck machte der mitangeklagte Dimitroff, der den geladenen Ministerpräsidenten Göring in einen fassungslosen Wutzustand versetzte. Bei Lubbe handelte es sich um einen menschlich nicht unsympathischen psychopathischen jungen Menschen, einen abenteuerlichen Wirrkopf, der im Verlauf des Verfahrens in eine stuporöse Trotzreaktion verfiel, die sich erst kurz vor seiner Hinrichtung verlor. Eine Studie über ihn Monatsschrift f. Psych. 1934.

Im Ganzen waren die älteren Professoren dem Druck weniger ausgesetzt, wohl in dem Gedanken, daß sie doch bald absterben würden und dem Aufbau des Dritten Reiches nicht mehr viel schaden könnten. Man begnügte sich, sie bei der Jugend als „verkalkt" und rückständig zu bezeichnen. Immerhin traten an mich als Vorsitzenden der Berliner Gesellschaft für Psychiatrie und Neurologie zwei meiner Nazi-Assistenten heran, um mich zur Niederlegung des Vorsitzes zu veranlassen. Ich lehnte dies ab, aus dem Gefühl der Verantwortung, den bisherigen wissenschaftlichen Betrieb dieser alten, angesehenen Gesellschaft solange wie irgend möglich von den politischen Einflüssen freizuhalten. Den Vorsitz im Deutschen Verein für Psychiatrie hatte ich zuletzt im Jahre 1934, wo er dann befehlsgemäß an den Erbbiologen Rüdin überging.

Was die wissenschaftliche Tätigkeit anbelangt, so sehe ich bei der Durchsicht meiner Notizen vom Jahre 1896—1940 das Jahr 1933 als das einzige, in dem keine wissenschaftliche Veröffentlichung von mir erschienen ist. Es fehlte offenbar einerseits an der inneren Ruhe, laufende wissenschaftliche Arbeiten fertigzustellen, andererseits machte das im Juli 1933 ergangene „Gesetz zur Verhütung erbkranken Nachwuchses" es dringlich, die psychiatrischen Auswirkungen dieses Gesetzes zu prüfen.

Die Frage der Unfruchtbarmachung geistig Minderwertiger hat die Öffentlichkeit seit Beginn des Jahrhunderts in einzelnen Staaten Amerikas lebhaft beschäftigt und seit 1909 dort auch gesetzliche Formulierungen gefunden. Sie ist also nicht, wie neuerdings vielfach geglaubt wurde, eine Erfindung des Nationalsozialismus. In Deutschland wurde die Frage lebhafter nach dem ersten Weltkrieg diskutiert, nicht ohne Zusammenhang mit der Verarmung und mit den großen Kosten, die die öffentlichen Anstalten erforderten. Schon im Jahre 1923 hatte ich im Preußischen Landesgesundheitsrat den Auftrag, ein Referat zu erstatten. Ich kam damals zu dem Ergebnis, daß ein nennenswerter praktischer Erfolg in eugenischer Beziehung nicht zu erwarten sei, wenn man sich bei der Sterilisation auf die Erkrankungen beschränkte, bei denen mit erheblicher Wahrscheinlichkeit die Vererbung auf die Deszendenten zu erwarten sei. Eine zwangsweise Sterilisierung sei abzulehnen. Die Regierung sah damals davon ab, die Frage zunächst weiter zu verfolgen. Bei der 9 Jahre später, im Jahre 1932, erneuten Erörterung der Frage im Preußischen Landesgesundheitsrat kam ein Antrag auf Schaffung eines Erbgesundheitsgesetztes an das Wohlfahrtsministerium zustande, bei dem aber das Einverständnis des

Patienten die Voraussetzung für jeden Eingriff blieb. Auch bei der Diskussion im Verein für psychische Hygiene im selben Jahr wurde das Einverständnis des Patienten vorausgesetzt. Das Gesetz vom 15 Juni 1933 ging über alle bis dahin gemachten Vorschläge und anderwärts bestehenden gesetzlichen Bestimmungen hinaus durch die Einführung des Zwanges. Daß irgendwelche psychiatrischen Instanzen vor dieser radikalen Verschärfung befragt worden wären, ist mir nicht bekannt. Inwieweit der energischste Vertreter für Einführung eines Erbgesundheitsgesetzes, Rüdin, der sich noch 1932 gegen einen Zwangscharakter ausgesprochen hatte, umgestimmt oder unter Druck gesetzt wurde, ist mir nicht bekannt. Die Gefahr von Fehlurteilen durch unzulänglich ausgebildete Ärzte war groß, umsomehr, als bei der Auswahl der Sachverständigen zu Anfang nicht selten mehr die Zughörigkeit zur Partei als die fachliche Qualifikation Berücksichtigung fand. Im eigenen Umkreis erfuhr ich dies, als mir eines Tages einer meiner jungen, psychiatrisch noch unerfahrenen Volontäre meiner Klinik mitteilte, daß er auf Veranlassung des Ärzteführers Conti zum fachärztlichen Mitglied des Erbgesundheitsgerichts ernannt worden sei. Er war einsichtig genug, auf meine Veranlassung diese Stelle sofort wieder niederzulegen. Es kann wohl als sicher angenommen werden, daß sich vielen Orts keine ausreichend vorgebildeten Psychiater fanden.

An eine Rücknahme des Zwangsgesetzes war bei der Mentalität des Nationalsozialismus nicht zu denken. So blieb nur die Möglichkeit übrig, zu hemmen und durch Publikation und psychiatrische Lehrgänge auf die besonderen diagnostischen Schwierigkeiten im Erbgesundheitsverfahren hinzuweisen. Während ich im Hinblick auf meine akademischen Aufgaben nach Möglichkeit mich der gerichtlichen psychiatrischen Tätigkeit bis dahin entzogen hatte, schien es mir nun geboten, in dem Erbgesundheitsobergericht die Stelle des sachverständigen Psychiaters zu übernehmen, um Einfluß auf die Begutachtung der Gerichte zu bekommen. Tatsächlich ist, wie mir von vielen Seiten bestätigt wurde, das Ergebnis gewesen, daß in Berlin und auch in den Provinzen die diagnostische Beurteilung vorsichtig gehandhabt wurde. Daß die Tätigkeit der Berliner Klinik auf dem Gebiete der erbbiologisch-psychiatrischen Lehrgänge und der entsprechenden Publikationen im Braunen Haus in München unangenehm empfunden wurde, ergab sich daraus, daß die Kurse nach zweijährigem Bestehen vom Innenministerium nicht mehr gestattet wurden.

Was die vom Gesetz vorgesehene Meldepflicht des Arztes anging, so habe ich mich nicht entschließen können, die Verpflichtung zur Wahrung des ärztlichen Berufsgeheimnisses hintanzusetzen und habe dem Amtsarzt niemals Meldungen von Kranken aus meiner Sprechstunde gemacht.

Nach dem Jahre 1933 habe ich von offiziellen Feiern der Universität nur noch die erste Ansprache des Kultusministers Rust in der Universität mitgemacht. Leider haben bei dieser Gelegenheit weder ich noch andere Professoren den Mut gehabt, den Saal bei der verletzenden Haltung des Ministers gegenüber den Professoren zu verlassen. Bei allen späteren öffentlichen Feiern und befohlenen Ansprachen habe ich gefehlt bzw. mich vertreten lassen. So begrüßte ich es, als ich mit 70 Jahren, im Jahre 1938, meine Lehrtätigkeit auf meinen Antrag niederlegen konnte. Im Jahr zuvor hatte ich noch anläßlich meines 25jährigen Dienstjubiläums in der Charité die Freude, im Kreise der Ärzte und aller Angestellten der Klinik ein hübsches Fest zu begehen, bei dem 25 Torten gegessen wurden, was damals noch möglich war.

Zu meinem 70. Geburtstag hatte ich, wie 10 Jahre zuvor zu meinem 60. die Freude, von Fachgenossen in der Monatsschrift einen Band als Festschrift überreicht zu bekommen. Es war dies der 99. Band der Monatsschrift, der vorletzte, der in Deutschland erscheinen konnte. Im Jahre 1939 mußte der Karger'sche Verlag seine Tätigkeit nach der Schweiz verlegen, nachdem ich die Monatsschrift vom Jahre 1912 ab herausgegeben hatte. Sie wurde in der Schweiz von Professor Kläsi in Bern weitergeführt.

Der zunehmende nationalsozialistische Druck wirkte sich natürlich auch in der Familie aus, vor allem waren die Zwillinge Dietrich und Sabine unsere Sorgenkinder, und zwar in zunehmendem Maße. Für Dietrich ergab sich im Kampf gegen „deutsche Christen" und den „Reichsbischof" die Alternative: Bekenntniskirche oder Dozentur. Die Wahl war für ihn nicht zweifelhaft; er legte die Dozentur nieder. Nach 1^1/$_2$jähriger Tätigkeit an der deutschen Gemeinde in London kehrte er hierher zurück, im Gefühl, daß er hier nötiger sei, und übernahm die Leitung des Seminars der Bekennenden Kirche in Finkenwalde, das er von 1935 bis Herbst 1937 halten konnte, bis es auf Himmlers Befehl geschlossen wurde. Er war von jener Zeit ab dauernd von der Gestapo überwacht. Er bekam Aufenthaltsverbot für Berlin, das aber dadurch eine Milderung erfuhr und umgangen werden konnte, daß ihm der Besuch der Eltern erlaubt wurde. Die Vikariatsausbildung setzte er in getarnter Form in Pommern fort. Seine Besuche bei den Pfarrern Pommerns und Ostpreußens führten dazu, daß er Aufenthaltsmeldepflicht, Rede- und Schreibverbot bekam, wegen der Gefahr „volkszersetzender Tätigkeit". Seine Beschwerde über diesen Bescheid blieb wie üblich unbeantwortet.

Gert wurde 1935 als Nichtarier emeritiert, behielt aber erstaunlicherweise zunächst einen Forschungsauftrag. Die gesellschaftlichen Verhältnisse in Göttingen wurden unerquicklich bei der zunehmend ängstlichen Zurückhaltung zahlreicher dortiger Kollegen. Es blieb aber ein Kreis, mit dem sie dauernd freundschaftliche Beziehungen hielten.

Gert wie Sabine wollten eigentlich in Deutschland bleiben, obwohl wir ihnen abredeten. Erst die Vorgänge im September 1938 bestimmten sie, einer Einladung nach England zu folgen.

Hans Dohnanyi schied aus dem Justizministerium aus, nicht ohne den Druck der Partei, bei der er sich durch seine Obstruktion gegen die Parteiwünsche und -Anordnungen und durch seine Hilfe, die er jüdischen Leuten angedeihen ließ, mißliebig gemacht hatte. Er wurde als Reichsgerichtsrat nach Leipzig versetzt, was er zunächst begrüßte in der Hoffnung, dort zu ruhiger Arbeit zu kommen. Seines Bleibens dort war nicht lange, da der von uns längst erwartete Krieg ausbrach.

Zweiter Weltkrieg

Die Stimmung, mit der man 1939 in den Krieg ging, war grundverschieden von der des Jahres 1914. Damals war die Überzeugung, daß es sich um einen Verteidigungskrieg in gerechter Sache handele, ziemlich allgemein. Auch die Haltung der SPD im damaligen Reichstag war dafür charakteristisch. An der friedliebenden, ja kriegsscheuen Gesinnung des Kaisers zweifelte kaum jemand, der ihn kannte. Daß die Flottenvermehrung, seine bedenkliche Neigung zu reden und in diesen Reden etwas theatralisch ans Schwert zu schlagen, einen provozierenden Charakter hatten, daß auch die zunehmende wirtschaftliche Prosperität in England nicht gerne gesehen und als Störung des Gleichgewichts empfunden wurde, wurde zwar in weiten Kreisen als bedenklich erkannt, ein aktiver Wunsch zur kriegerischen Auseinandersetzung aber bestand bei der deutschen Regierung wohl mit Sicherheit nicht. 1939 war in der Bevölkerung kein Zweifel, daß es sich um einen von Hitler vorbereiteten und organisierten Angriffskrieg handelte, für den in der großen Bevölkerung keinerlei Sympathie bestand. Man hatte in den Jahren 1933 bis zum Kriege die Partei und ihre jeder freien Meinungsäußerung feindliche Haltung kennengelernt, so daß man für den Fall des Sieges Hitlers und seiner Formationen eine ins Maßlose gesteigerte Hybris der Partei zu befürchten hatte, im Falle der Niederlage die Zerschlagung und Verarmung Deutschlands. Die Zahl derer, die den Sieg Hitlers für die größere Gefahr für die Kultur Europas hielten, war nicht gering. Begeisterung, für diesen Sieg zu kämpfen, war wohl, abgesehen von jungen Militärs und aus der HJ hervorgegangenen Jugendlichen, kaum zu finden. Ein Zustrom von Freiwilligen wie 1914 fehlte. Freilich stand auch die Jugend schon ganz im Zwange des Hitlerterrors. Nachdem der Krieg entzündet war, war für viele auch der Hitlerfeinde die Lage so, daß sie um der Verteidigung der Heimat willen kämpften. Manch einer tröstete sich in der Hoffnung, daß Hitler im Falle eines Sieges sich zu einem gemäßigten Regime entschließen würde. Anhaltspunkte zu einem solchen Gesinnungswechsel waren nach der charakterlichen Art Hitlers kaum gegeben, wenn auch gelegentlich kolportiert wurde, daß er angesichts des großen Anteils der jungen Theologen an den Todesopfern und ihrer tapferen Haltung in Afrika die Äußerung getan habe, nach dem Kriege würde er seine Stellung der Bekenntniskirche gegenüber ändern. Peinlich empfunden wurde in der Bevölkerung die weitgehenden U. K.-Stellungen der Parteifunktionäre, die zum Kriege getrieben hatten.

Die eigene Familie wurde zunächst nicht unmittelbar von der Verpflichtung zum Dienste im Feldheer betroffen. Ich selbst lehnte eine Anfrage, ob ich mich wie im ersten Weltkrieg als fachärztlicher Berater für Nerven- und Geisteskrankheiten betätigen wolle, unter Hinweis auf mein Alter von 71 Jahren ab, stellte mich aber für die Berliner Lazarette zu konsultativer Tätigkeit zur Verfügung. Karl-Friedrich, Klaus und Rüdiger Schleicher waren in ihrer beruflichen Tätigkeit unabkömmlich. Walter Dreß hatte seine Dozentur niedergelegt, war in der Prüfungskommission der bekennenden Kirche, hatte mehrfache Vernehmungen bei der Gestapo. In seiner pfarramtlichen Tätigkeit und als Lazarettpfarrer war er unabkömmlich. Hans Dohnanyi wurde aus seiner Reichsgerichtsratsstellung in das OKW als Referent zu Admiral Canaris in die sogenannte Spionage-Abwehr berufen, wo er mit dem damaligen Oberst Oster und Anderen, die von der Gefährlichkeit der Hitlerpolitik überzeugt waren, zusammenarbeitete. Dietrich hatte sich als Feldgeistlicher zur Verfügung gestellt, wurde aber als nicht mit der Waffe gedient abgelehnt. Da wir wußten, daß er es ablehnen würde, mit der Waffe im Felde zu kämpfen und er nach den bestehenden Bestimmungen keine Möglichkeit hatte, unmittelbar im Sanitätsdienst verwendet zu werden, waren wir Eltern froh, daß er wegen seiner zahlreichen ökumenischen Beziehungen in kirchlichen Kreisen des Auslands von Canaris in der Abwehr eingestellt wurde, wo er hoffte, sich in der Friedensbewegung betätigen zu können. Seine Tätigkeit in der Schweiz, Italien, Norwegen und Schweden diente diesem Zwecke. Karl-Friedrich, der früher auch auf dem Gebiete des „schweren Wassers" gearbeitet hatte, hörte auf, auf diesem kriegswichtigen Gebiete zu arbeiten und ging zu biologisch-physikalischen Problemen über. Eine unmittelbare Beteiligung an der politischen Untergrundbewegung kam für ihn bei seiner Isolierung in Leipzig nicht in Betracht, während Klaus zusammen mit seinem Mitarbeiter John und der Gruppe um Leuschner und v. Harnack in der Anti-Hitlerbewegung arbeitete. Mit seinem im Haß gegen Hitler gleichgesinnten Schwager Schleicher im Luftfahrtministerium stand er in dauernder Aussprache. Wenn wir Eltern auch in die Einzelheiten der Komplotte nicht eingeweiht wurden, so waren wir doch durch die zahlreichen Besprechungen, die in unserem Hause stattfanden, über vieles unterrichtet und über die Gefährlichkeit der Situation für unsere Kinder, wie über die Notwendigkeit ihres Tuns im Interesse der deutschen Zukunft durchaus im klaren. Als dann wenige Tage nach der Feier meines 75. Geburtstages, am 5. April 1943, die Verhaftung von Hans Dohnanyi, unserer Tochter Christel und Dietrichs erfolgte, da traf uns dieser Schlag nicht unvorbereitet, aber doch schwer im Hinblick auf das, was man über die Behandlung der politischen Gefangenen hörte. Glücklicherweise erfolgte die Unterbringung im Militär-Untersuchungsgefängnis und zunächst nicht bei der Gestapo. Dietrich und Hans Dohnanyi kamen in verschiedene Gefängnisse, Dietrich nach Tegel, Hans Dohnanyi in die Lehrter Straße. In beiden hatten sie das Glück, wohlwollende Gefängnisdirektoren zu haben, die nach Möglichkeit Erleichterungen gewährten, Besuche gestatteten und uns das Zubringen von Nahrungsmitteln erlaubten. Dietrich hatte die Möglichkeit, sich viel mit seinen Mitgefangenen in Beziehung zu setzen und genoß, wie wir uns bei den Besuchen überzeugen konnten, im Gefängnis durch seine natürliche und warmherzige seelsorgerische Art Ansehen und Vertrauen bei sehr Vielen. Er konnte in dieser Zeit sehr viel arbeiten. Auch die Mehrzahl seiner Gedichte stammt aus dieser Tegeler Zeit. Wir hatten die Hoffnung, und auch Dietrich selbst hatte sie, daß seine Entlassung bald bevorstünde, da es sich bei den wenigen Vernehmungen, die er hatte, zunächst nichts besonderes Belastendes herausgestellt hatte. Von Juni 1943 ab fand überhaupt keine Vernehmung mehr bei ihm statt, bis nach dem Attentat vom 20. Juli 1944.

Hans Dohnanyi hat sich in der Anfangszeit seines Gefängnisaufenthaltes mit Selbstporträts und Interieur-Zeichnungen versucht, und zwar mit erstaunlichem Erfolge. Erst im Gefängnis kam dieses bis dahin ganz unentwickelte Talent in Erscheinung, ein offenbar von der mütterlichen Seite kommendes Kunwald'sches Erbe. Der Bruder der Mutter, der in Dänemark lebte, war ein anerkannter Porträtmaler. Im Gegensatz zu Dietrich wurde er von dem sadistischen, von der Gestapo beeinflußten Untersuchungsrichter, den er in einem charakteristischen Bilde festgehalten hat, viel gequält. Durch seine überlegenen juristischen Fähigkeiten erweckte er den Haß des ihm nicht gewachsenen Untersuchungsrichters und erreichte schließlich dessen Absetzung. Wahrscheinlich als Folge der mit diesem Kampf verbundenen Erregung trat bei ihm eine Hirnembolie ein, die eine vorübergehende Lähmung der rechten Gesichtshälfte und eine Spracherschwerung zur Folge hatte. Seine Verbringung in das Potsdamer Militär-

lazarett führte zu einer neuen Erkrankung an Diphtherie, die zu diphtheritischen Läh-
mungen führte. Christel wurde nach sechswöchentlicher Haft in dem widerlichen
Frauengefängnis auf Veranlassung meines alten Studienfreundes aus Tübingen, dem
Vorgesetzten des Untersuchungsrichters, entlassen.
Nach dem 20. Juli 1944 änderte sich für die Gefangenen die Situation. Sie wurden von
der Gestapo aus der militärischen Haft nach der Prinz-Albrecht-Straße, dem Gestapo-
Gefängnis, verbracht und nach der Bombenzerstörung dieses Hauses nach auswärtigen
Konzentrationslagern übergeführt, Hans Dohnanyi nach Sachsenhausen. Über Diet-
richs Verbleib erfuhren wir erst nach seinem Tode, daß er zunächst in Buchenwald
war, dann nach Flossenbürg am 7. April 1945 gebracht wurde, wo er am 8. April
getötet wurde. Im Zusammenhang mit dem 20. Juli wurde dann auch Klaus und Rüdiger Schleicher im Oktober 1944 verhaftet, von der Gestapo mißhandelt und vom
Volksgericht unter dem Vorsitzenden Freisler zum Tode verurteilt. Das war das letzte
Todesurteil von Freisler. Tags darauf fiel er einem Bombenangriff zum Opfer. Im
April 1945 wurden Klaus und Rüdiger, als die Russen schon im Norden Berlins ein-
marschiert waren, durch Genickschuß von der Gestapo ermordet. Hans Dohnanyi ist
nach der letzten Nachricht eines Arztes aus dem Konzentrationslager Sachsenhausen
wahrscheinlich durch Gas getötet worden.

Führerpersönlichkeit und Massenwahn*

K. Bonhoeffer

Der Psychiater kennt eine Form der geistigen Erkrankung, die als induziertes Irresein bezeichnet wird. Es handelt sich dabei darum, daß ein psychisch Kranker seine Umgebung mit seinen Wahnbildungen so beeinflußt, daß diese selbst dem Wahne verfällt. Die Aufgabe ist in einem solchen Falle im Interesse der Therapie zunächst, den primär Erkrankten festzustellen, was keineswegs immer ganz einfach ist wegen der oft weitgehenden Identität der Wahnidee und der Übereinstimmung des Affektes. Weiterhin sind die Besonderheiten der Psyche der beiden Beteiligten zu klären, die die Übernahme des Wahnes verursacht haben. Es zeigt sich dabei, daß es sich bei dem Übertragenden meist um stark affektbetonte Vorstellungskomplexe handelt, die mit großer Überzeugungskraft vorgetragen werden und für den Inhalt bei dem Induzierten ein für die Suggestion empfänglicher Boden vorliegt.
Es ist nun kein Zweifel, daß sich auch im Leben der Völker, vor allem in revolutionären Zeiten, Erscheinungen finden, die in ihrem psychischen Mechanismus diesem Vorgang beim Einzelindividuum entsprechen. Auch bei einer solchen, weite Volkskreise erfassenden psychischen Masseninfektion hat sich die Untersuchung auf die beiden Seiten zu erstrecken, die aktive führende Persönlichkeit und die psychische Zusammensetzung der geführten Masse. Wenn man sich an die nach unserer heutigen Erfahrung als relativ harmlos zu bezeichnende Revolutionswelle nach dem letzten Krieg im Jahre 1918/19 erinnert, so war es interessant, zu sehen, wie groß damals der Anteil psychopathischer Persönlichkeiten unter den führenden Männern der Räterepublik war. Es hat wohl kaum einen Psychiater gegeben, der nicht einen alten Bekannten aus seinen früheren Klinikinsassen plötzlich in irgendeiner führenden Stellung gesehen hat. Eine sorgfältige, aus jener Zeit stammende klinische Untersuchung aus der Münchener Revolutionszeit ergab, daß es sich bei diesen psychopatischen Führerindividuen im wesentlichen um vier Typen gehandelt hat: ethisch Defekte, Hysterisch-Pseudologische, Fanatiker und Manisch-depressive, zumeist von guter geistiger Begabung, gesteigerter Affek-

---

* Manuskript aus dem Jahre 1947.

tivität und Kritiklosigkeit gegenüber der eigenen Person und der übernommenen Aufgaben. Hinzuzufügen wäre diesen Typen noch die Gruppe der paranoischen und paranoiden eigentlichen Wahnkranken. Die Geschichte zeigt, daß sich eine solche eigenartige Wechselbeziehung zwischen psychopathischer Führerpersönlichkeit und psychischer Masseninfektion bei allen revolutionären Umwälzungen findet. Ich will darauf im einzelnen nicht eingehen.

Wie verhält es sich in dieser Beziehung bei der nationalsozialistischen Revolution mit der Persönlichkeit Hitlers und seiner Massengefolgschaft im deutschen Volk? Zunächst Hitler selbst. Ich bin im Laufe der Hitlerherrschaft vielfach gefragt worden, ob es richtig sei, daß ich zu Hitler gerufen worden sei und ob ich ihn für geisteskrank hielte. Die erste Frage mußte ich wahrheitsgemäß verneinen. Ich habe Hitler nie gesehen. Ich zweifle auch, daß ein Berufspsychiater jemals zu ihm gerufen worden ist, jedenfalls nicht zu Beurteilung seines Geisteszustandes. Die Gründe dafür liegen auf der Hand. Jeder in Hitlers Umgebung, der seinen Geisteszustand angezweifelt und eine psychiatrische Beurteilung verlangt hätte, würde wohl mit Sicherheit seinen Kopf riskiert haben. Daß Hitler selbst das Bedürfnis nach einer solchen Beurteilung gehabt hat, ist nach der Art solcher Persönlichkeiten und nach seiner Selbsteinschätzung in seinen öffentlichen Äußerungen recht unwahrscheinlich. Eine gewisse Neigung, sich mit psychiatrischer Diagnostik zu befassen, geht allerdings aus seiner Bereitschaft hervor, mit der er den gegnerischen Führern in einer eines führenden Staatsmannes wenig würdigen Weise in diffamierender Absicht psychiatrische Diagnosen anzuhängen liebte.

Zur zweiten Frage mußte ich sagen, daß für den Psychiater im allgemeinen der Grundsatz gilt, sich über den Geisteszustand eines lebenden Menschen nur dann verantwortlich zu äußern, wenn man ihn selbst untersucht oder mindestens gesprochen hat. Berichte von Dritten können natürlich wichtige, unter Umständen entscheidende diagnostische Hinweise enthalten; aber die Erfahrung lehrt, daß die psychiatrische Untersuchung gelegentlich ein überraschend anderes Bild ergibt, als es nach der Darstellung der Umgebung erscheint. Bei der Fülle von Gerüchtbildungen um die Person Hitlers ist doppelte Vorsicht bei der Urteilsbildung geboten. Wenn es noch möglich werden wird, die beiden Ärzte, die in den letzten Jahren in Hitlers engster Umgebung waren, zu hören, werden vielleicht noch manche klärenden Einzelheiten an den Tag kommen. Auch bei den Nürnberger Verhandlungen gegen seine näheren Mitarbeiter werden sich vielleicht noch neue psychiatrisch wichtige Daten ergeben. Eine sichere Diagnose ist nicht bloß vom psychiatrischen Gesichtspunkte aus von Interesse, es ist auch für die Beurteilung seiner großen Gefolgschaft im deutschen Volke nicht gleichgültig, ob sie sich von einem schweren Psychopathen oder von einem wirklich Geisteskranken durch zwölf Jahre hat führen lassen. Eine genaue Kenntnis der Jugendentwicklung und der Pubertätsjahre Hitlers wäre wichtig für die Frage, ob in diesen Jahren etwa ein psychischer Krankheitsschub, wenn auch nicht grober Art, sich abgespielt hat. Über einige Jahre scheint es ganz an sicheren Mitteilungen zu fehlen. Als gesichert kann immerhin gelten, daß die Jugendentwicklung unstet war, daß er im Berufsleben vielfach wechselte und Mißerfolge hatte. Die Daten über seine Familie und seine Aszendenz sind unsicher. Die bei seiner Einbürgerung als Braunschweigscher Regierungsrat aufgenommene Personalakte ist nach der Machtübernahme beseitigt und durch andere Lesarten ersetzt worden. Daß er als Soldat trotz vierjähriger Dienstzeit und Eisernem Kreuz erster Klasse nicht über den Gefreiten hinauskam, ist auffällig und könnte wohl von seinem früheren Hauptmann, dem späteren Adjutanten, der sich aber Hitlers Einfluß durch Übernahme einer Auslandstellung entzog, aufgeklärt werden. Während der Militärzeit spielte sich dann jene mysteriöse vorübergehende, angeblich durch eine Verschüttung verursachte Blindheit und ein visionäres „religiöses" Erlebnis ab, über das er selbst in einer Regensburger öffentlichen Ansprache berichtet haben soll. Der Zustand wurde ärztlicherseits als hysterische Reaktion beurteilt. Vielfach referiert sind seine Wutanfälle, in denen er seine Haltung so weit verloren haben soll, daß er sich zur Erde geworfen und in die Teppiche gebissen haben soll. Für den Psychiater nicht uninteressant ist das mir von einem zuverlässigen, gelegentlichen Tischgast Hitlers berichtete Verhalten Hitlers im privaten Gespräch am Kaffeetisch. Er pflegte am Gesprächspartner vorbeizusehen, gegen die Wand und das Fenster zu sprechen und seine Worte mit rhythmischen Vor- und Rückwärtsbeugen des Rumpfes und der Arme zu begleiten. Eine eigenartige Geschmacksrichtung und Neigung zur Stereotypie tritt in seiner sich durch Jahre hinziehende Gepflogenheit hervor, sich allabendlich zwei Filme vorführen zu lassen, so daß sich allmählich Schwierigkeiten ergaben, das erforderliche Filmmaterial zu beschaffen. Auch in seinen Reden machte sich, wie mir scheint, mit den Jahren, abgesehen von dem oft auffälligen Mangel an staatsmännischer Stellungnahme zu dem, was im Augenblick not tat, ein stereotypes Haften an seiner eigenen Person und an der Geschichte seiner Partei bemerkbar. Wenn als Grund für seine vegetarische Lebensweise seine Tierliebe angeführt wird, so liegt darin ein eigenartiger Widerspruch; denn auf die Gattung Mensch erstreckte sich diese Liebe jedenfalls nicht. Er sei von einem Blutrausch besessen, sagte ein ihm Nahestehender. Das erste erschreckende Licht auf diese Seite seines Wesens warf mir sein Zustimmungstelegramm, das er bei der brutalen Potembaschen Mordaffäre an den Mörder abgehen ließ. Daß er die Hinrichtung der drei in dem bekannten vor dem Kriege spielenden Spionageprozesse zum Tode verurteilten Frauen filmen ließ und sich diesen Film, wie es heißt, dreimal vorführen ließ, daß er auch den gefilmten Erhängungsakt der Attentäter des 20. Juli mehrfach zu sehen verlangte und auch den Befehl ausgab, daß er auch den Soldaten an der Front vorgeführt werden solle, ist glaubwürdig bestätigt. Die Skrupellosigkeit, mit der er Todesurteile verhängte, für Begnadigungen und Amnestie kein Ohr hatte, ist bekannt. Hierher gehört auch die Äußerung bei der Belagerung von Petersburg, daß er im Falle eines Übergabeangebots der zernierten Stadt dieses ablehnen und die zwei Millionen Einwohner verhungern lassen werde. Man kann danach nicht im Zweifel sein, daß es Hitlers eigenstem Wesen entsprach und nicht nur Ausfluß sadistischer Lust seiner untergeordneten, verbrecherischen Organe war, wenn Millionen von Juden, Polen und auch Deutsche in den Konzentrationslagern zu Tode gemartert wurden.

Diese Gefühlsroheit war auf das engste verbunden mit einem Defekt des Gefühls für Recht und Vertragstreue, mit einem offenbaren Mangel an Selbstkritik, an staatsmännischer Mäßigung und klarem Überblick über die internationalen Machtverhältnisse und die Bedeutung ethischer Werte. Auf der anderen Seite zeigte er eine ungewöhnliche Befähigung, sich den primitiven Masseninstinkten anzupassen und diese mit rhetorischem Geschick und mit moralischer Phraseologie sich dienstbar zu machen. Dieses Talent schuf ihm ja den Weg zum Aufstieg.

Ich beschränke mich auf diese Daten. Es kann sich hier ja nicht um eine Gesamtwürdigung der Person Hitlers, sondern nur um die Hervorhebung einiger psycho-pathologisch bemerkenswerter Daten handeln, die lückenhaft sind und notgedrungen an der Oberfläche bleiben müssen. Die Entscheidung, ob man es mit einem ethisch Defekten, fanatischen und pseudologischen Psychopathen oder mit einem aus dem Umkreis des Schizophrenen Kommenden wirklich wahnkranken Paranoiden zu tun hat, muß bis zur Aufdeckung weiteren Materials offen bleiben.

Bedeutungsvoller für die Beurteilung des deutschen Volkes und seiner Zukunft ist die Frage, wie es möglich geworden ist, daß ein Regiment, in dem in solcher Weise unmenschliche Brutalität, Rechtsbruch jeder Art, absichtliche Vernichtung wertvollen für die Zukunft Deutschlands unentbehrlichen Menschenmaterials, Korruption und maßlose Überheblichkeit zutage trat, sich im deutschen Volk zwölf Jahre halten und über eine Millionengefolgschaft gebieten konnte. Man wird sich dieses Problem sehr ernsthaft zu überlegen haben. Man kann vielleicht verstehen, daß das durch die anfänglichen politischen Erfolge Hitlers geweckte Vertrauen, die skrupellose Propaganda in Radio, Film, Presse und in den Parteiversammlungen, die demagogisch geschickte, ablenkende und zugleich aufreizende Hetze Hitlers und seines Trabanten Goebbels gegen Plutokraten, Juden, Reaktionäre, Kirche, gegen die sogenannten Intellektuellen und satten Bürger, verbunden mit der überheblichen, der Masse und den Jugendlichen schmeichelnden Tiraden von der Herrenrasse der Deutschen in den unreifen und ungebildeten Teilen des Volkes den wahnhaften Dünkel induzierten, daß das deutsche Volk zu der Aufgabe berufen sei, die politische und kulturelle Führung in der Reihe der übrigen Völker zu übernehmen. Es handelt sich dabei um die Gruppe der fanatisierten und der ernsthaft der Nazisuggestion Verfallenen. Ihr steht eine zweite, vielleicht größere Gruppe gegenüber, die ohne eigentliche politische Stellungnahme, dem äußeren Druck des Terrors folgte in der Befürchtung, die Stellung zu verlieren, die Familie der Not auszusetzen, oder aus Bequemlichkeit und Opportunitätsgründen irgendwelcher Art mitlief. Die jahrelange Absperrung jeder objektiven Nachricht über das, was wirklich bei der Führung vorging, hielt das Volk in Unwissenheit und festigte bei den Induzierten den Größendünkel und erschwerte die Aufklärung. Wer dies Jahrzehnt des Terrors nicht miterlebt hat, wird sich schwer eine Vorstellung von der Schwierigkeit einer wirksamen Gegenaktion machen können. Die organisierte Durchsetzung der Bevölkerung mit bespitzelnden und denunzierenden Parteifunktionären, die Prämiierung des Denunziantentums, die unterirdische Tätigkeit des Sicherheitsdienstes und der Gestapo, das Grauen vor dem Konzentrationslager und den Folterungen und die niederträchtige Institution der Sippenhaftung erschwerte einen wirklichen Zusammenschluß größerer Kreise zum Sturz des Systems in der Zivilbevölkerung in unerhörter Weise. Die heroische Haltung des Einzelnen führte — man kann wohl sagen ausnahmslos — ins Konzentrationslager, ins Zuchthaus oder unmittelbar in den Tod. Erwähnt sei noch, daß die nationalsozialistische Propaganda in geschickter Weise in Deutschland den Eindruck verbreitete, daß die Regierung Hitlers in England, USA und Frankreich angenehm und geachtet sei.

Bei all dem bleibt die Frage offen: Gab es wirklich keinen Weg, die katastrophale Entwicklung aufzuhalten? Die Zahl derer, die den kulturwidrigen Charakter der Bewegung, die mit ihr verbundene Gefahr für die Zukunft Deutschlands früh erkannten und das Kommen eines deletären Krieges voraussahen, war doch in der geistig arbeitenden wie in der werktätigen Schicht nicht gering. Nach der Zerschlagung der Gewerkschaften blieb immer noch ein geschlossenes Machtmittel in dem Militär. Dieses zu gewinnen, war die Hoffnung der in der bürgerlichen Welt aktiv gegen den Nationalsozialismus arbeitenden Männer. Es schien dies auch nicht aussichtslos, denn die Gegnerschaft zahlreicher leitender Offiziere gegen das herrschende System war unzweifelhaft. Trotz einzelner Anläufe versagten die führenden Generale des Frontheeres, und damit war das tragische Ende besiegelt.

Es tut dringend not, sich darüber klarzuwerden, ob es innere, dem deutschen Volke eigentümliche Eigenschaften sind, die diese Massenverderbnis weiter Volkskreise zustande kommen ließen, und welcher Art diese sind. Ein deutschschweizerischer Psychotherapeut hat vor kurzem in einem Interview diese Frage dahin beantwortet, es bestehe bei dem Deutschen eine allgemeine psychische Minderwertigkeit. Er sei auf einem Entwicklungsstadium der Unreife stehengeblieben. Hinter der deutschen Sentimentalität und „Gemütlichkeit" stecke Härte, Gefühllosigkeit und Mangel an Seele. Derartige Verallgemeinerungen sind erfahrungsgemäß von zweifelhaftem Erkenntniswert, und es würde an Hand der deutschen und europäischen Geistesgeschichte und der gegebenen Einzelbegründung ihre Anfechtbarkeit wohl nachzuweisen sein. Das mag an anderer Stelle geschehen. Richtig ist aber wohl, daß in Deutschland ein Menschentypus der nicht fertig Gewordenen und der im gewissen Sinne auf einer Art Pubertätsniveau stehen Gebliebenen nicht ganz selten ist. — Ob er anderwärts sich nicht in ähnlicher Weise auch findet, lasse ich dahingestellt. — Jedenfalls habe ich gefunden, daß die Zahl der Deutschen, für die ihre Soldatenzeit, die Studentenjahre, ihre Korporationszugehörigkeit auch späterhin der Mittelpunkt ihres Erlebens bleibt, verhältnismäßig groß ist und daß man bei ihnen auch häufig eine nicht ausgereifte Begeisterungsfähigkeit findet. Richtig ist es wohl auch, wenn man beim Deutschen in einer gewissen Freudigkeit zum Gehorsam eine Bereitschaft zur Massensuggestion sieht. Es ist wohl nicht zweifelhaft, daß beim Deutschen im öffentlichen Leben auch außerhalb des Militärs das Verhältnis vom Vorgesetzten und Untergebenen, des Befehls und des Gehorsams eine größere Rolle spielt als in den westlichen Ländern. Daß diese geistige Haltung anlagemäßig bedingt ist, ist fraglich, wahrscheinlich ist wohl, daß es ein Züchtungsergebnis der durch die letzten Jahrhunderte gehenden militaristischen Erziehung des gesamten Volkes ist. Ob diese durch die gefährdete geographische Lage Deutschlands geboten war, steht hier nicht zur Erörterung. Jedenfalls begünstigte sie den Verzicht auf eigenes Urteil und eigene Verantwortlichkeit. „Zivilcourage" und „Kadavergehorsam" sind wohl nicht zufällig deutsche Wortbildungen. Es mag auch die vielfach gehörte Klage nach dem Fehlen politisch führender Köpfe in Deutschland damit in Zusammenhang gebracht werden. Man wird aber bei dieser Frage vor allem auch auf den schweren Aderlaß an Menschengut, den Deutschland im Kriege 1914 bis

1918 erfahren hat, hingewiesen. Man weiß, daß sechzig Prozent von den eindreiviertel Millionen in jenem Krieg Gefallenen zwischen dem neunzehnten und neunundzwanzigsten Lebensjahre standen, daß es sich dabei um gesunde, zukunftsversprechende Jugend gehandelt hat und daß anderseits unter den Überlebenden die psychopathischen Individuen nach Art der militärischen Auslese einen nicht zu unterschätzenden zahlenmäßigen Anteil hatten, der hinsichtlich der sozialen Qualitäten und der Erbmasse zu erheblichen Bedenken Anlaß gab. Es mag in dieser Tatsache eine gewisse Erklärung für die Qualität der Naziführerschaft wie für die ihrer Massengefolgschaft gegeben sein.

Endlich sei noch auf einen wesentlichen äußeren Faktor für die ungeheure Ausdehnung der Massensuggestion hingewiesen. Es ist in der Geschichte der revolutionären Masseninfektion zum erstenmal, daß alle die modernen technischen Mittel zur Massenwirkung und Nivellierung des geistigen Niveaus in Radio, Kino und Lautsprecher in einem Umfange den führenden Kreisen zur Verfügung standen, der der früheren Zeit, auch noch in den Jahren 1918 bis 1919, unbekannt war. Es mag einem durch jahrelange Notzeit geschwächten Volke als Milderung der Schuld angerechnet werden, wenn es durch diese von allen Seiten und alltäglich einstürmende Propaganda mehr und mehr dem Massenwahn verfällt.

Nachwort zur Autobiographie von Karl Bonhoeffer

G. Zeller

Hundert Jahre scheinen einer Generation, die in utopischem Taumel vom Sog des
nahenden Jahrtausends fortgerissen wird, eine fast unüberschaubare Zeitspanne zu
sein. Die Erinnerung, daß Karl Bonhoeffer, geboren am 31. 2. 1868 in Neresheim in
Württemberg, jetzt hundert Jahre alt geworden wäre, wird allerdings manchen auf-
horchen lassen, der sich einen Sinn für historische Abläufe bewahrt hat. Ist er doch
für viele jung geblieben in seinem noch frischen wissenschaftlichen Hauptwerk, aber
auch als Vater früh geopferter und daher ewig jung bleibender Söhne und Schwiegersöhne: Des immer mehr die Köpfe und Herzen bewegenden Theologen Dietrich Bonhoeffer, am 9. 4. 1945 im Alter von 39 Jahren wegen Widerstands gegen Hitler im
Konzentrationslager Flossenbürg erhängt, des Juristen Klaus Bonhoeffer, der im letzten von Freisler vor dessen eigenem Tod gesprochenen Urteil zusammen mit Rüdiger
Schleicher, dem Manne seiner Schwester Ursula Bonhoeffer, wegen Widerstands zum
Tode verurteilt worden war, ein Urteil, das noch kurz vor Kriegsende, am 23. 4. 1945,
von Gestapo-Schergen auf dem Gelände des Lehrter Bahnhofs in Berlin an beiden durch
Erschießen vollstreckt wurde, und des ebenfalls kurz vor Kriegsschluß im Konzen-
trationslager Sachsenhausen getöteten Hans von Dohnanyi, der Dietrichs Schwester
Christine geheiratet hatte.
Der Name Karl Bonhoeffer hatte trotz bedeutender wissenschaftlicher Leistungen und
trotz 25jähriger Tätigkeit als Lehrstuhlinhaber für Neurologie und Psychiatrie in
Berlin, wie Zutt[1] mit Recht betont, nie einen modischen Klang gehabt. Seine Teilhabe
am deutschen Schicksal hat ihn erst ins Bewußtsein vieler Menschen gerückt. Je inten-
siver die Frage gestellt wird, wie es mit Deutschland so weit kommen konnte, und
auf welche Weise man der „Maskerade des Teufels“, wie Dietrich Bonhoeffer die unter
dem Scheine biedermännischer Redlichkeit ausgeübte Gewalt totalitärer Regime
genannt hat, in Zukunft zu widerstehen habe, um so ernsthafter wird man nach
dem Schicksal einer Familie fragen, deren Glieder wie selbstverständlich in dunkler

---

[1] Zutt, J.: Karl Bonhoeffer, Nekrolog am Anfang dieses Buches.

Zeit den rechten, aber bitteren Weg finden konnten, und um so mehr wird man im Lebenslauf Karl Bonhoeffers nach einem exemplarischen Beispiel und Vorbild suchen. Aber auch der Wissenschaftshistoriker wird anläßlich des 100jährigen Jubiläums an Hand der erstmalig der Öffentlichkeit zugänglich gemachten Autobiographie manche Frage stellen dürfen und manche bisher nicht mögliche Lösung suchen.

Die erste Frage gilt der Entstehungsgeschichte der Autobiographie. Leider ist hierüber wenig bekanntgeworden. Geschrieben wurde sie für die weitverzweigte Familie etwa seit dem Jahre 1940, also von einem schon alten Manne. Als Erinnerungsstütze haben sicher Familienaufzeichnungen, aber auch die Silvester-Bücher gedient, welche Karl Bonhoeffer offenbar anstelle eines Tagebuches zusammen mit seiner Frau geführt hat, und in welchen er am Silvesterabend rückschauend die wichtigsten Ereignisse des vergangenen Jahres einzutragen gewohnt war. Es mag an der Eigenart des Erinnerungsmaterials liegen, daß der Jugend, der Erinnerung an das Elternhaus, überhaupt an die Eltern so viel Raum gegeben ist. Es mag aber auch die spezifische Denk- und Erinnerungsweise des alten Menschen ihr Teil zu dieser Akzentgebung beigetragen haben. Für viele fängt ja mit dem Überschreiten der Lebensmitte die scheinbar vergessene, unwichtig gewordene Jugendzeit wieder an, in warmem Lichte zu glänzen, und je mehr sich dem Alternden einstellungs- und gedächtnismäßig der Bezug zur Gegenwart lockert, um so mehr lebt er im Vergangenen. Im Hause Bonhoeffer galt Stolz auf bedeutende Vorfahren als etwas Lächerliches. Wenn der Vater dennoch so vieles aus der Familiengeschichte vor dem Vergessen bewahren wollte, dann darf man hieraus wohl schließen, daß für ihn sein Herkommen doch mehr Bedeutung hatte, als er vielleicht zuzugeben bereit war. Diese Frage wirft eine andere auf, nämlich die nach der geistesgeschichtlichen Valenz dieses Herkommens.

Die schwäbische Geistestradition als Hintergrund

Was hat es eigentlich zu bedeuten, daß Karl Bonhoeffer aus einem Teil Deutschlands stammt, der in einer überschaubaren Zeitspanne so unvergleichlich viele bedeutende Psychiater hervorgebracht hat. Wie z. B. den Begründer der modernen deutschen Psychiatrie, Wilhelm Griesinger, geboren 1817 in Stuttgart, gestorben 1868 in Berlin als Inhaber des Lehrstuhls, den später Bonhoeffer einnehmen sollte, sowie dessen Lehrer Albert Zeller, geboren 1804 in Heilbronn, gestorben 1877 in Winnenden bei Stuttgart, wo er die erste württembergische Irren-Heilanstalt gegründet und bis an sein

116

Lebensende geleitet hatte. Oder den Tübinger Ordinarius Robert Gaupp, geboren 1870 in Neuenbürg im Schwarzwald, gestorben 1953 in Stuttgart, dem die Psychiatrie viele bedeutende Anregungen verdankt, und dem vor allem tiefe Einblicke in die Psychologie des Wahns gelungen sind. Robert Gaupp hat früh die außerordentliche Begabung Ernst Kretschmers, geboren 1888 in Wüstenrot bei Heilbronn, gestorben 1964 in Tübingen, erkannt. Er hat ihn aus der alten traditionsreichen Heil- und Pflegeanstalt Winnenthal, wo er sich schon einzurichten gedachte, weggeholt an die Tübinger Klinik. Er hat ihm Förderung und Freiheit zur eigenen Forschung gegeben. E. Kretschmer, der als Begründer der modernen Konstitutionslehre Weltruhm erlangte, hat aber auch Gaupps Arbeiten über den Wahn eigenständig weiterentwickelt und mit seiner Habilitationsarbeit[2] eine neue Ära psychodynamischer Psychiatrie eingeleitet. Immer in einem gewissen spröden Gegensatz zu Kretschmer stand der Heidelberger Ordinarius Kurt Schneider, geboren 1887 in Crailsheim, gestorben 1967 in Heidelberg, dessen Psychopathen-Typologie im deutschen Sprachraum fast allgemeine Anerkennung gefunden hat, und dessen scharfem, ordnendem Verstand begriffliche Präzisierungen unerläßlich waren. Die Reihe könnte weiter fortgesetzt werden. Es soll aber nur noch der Zwiefaltener Psychiater J. L. A. Koch, geboren 1841 in Laichingen auf der Schwäbischen Alb, gestorben 1905 in Zwiefalten, erwähnt werden, dem es erstmals gelungen ist, Licht in das Grenzgebiet zwischen abnormen Charakteren und Geisteskrankheiten zu bringen, und der, wenn auch nur eine kurze Zeitlang, Gaupps Lehrer gewesen ist. Selbstverständlich darf man diese psychiatrischen Spezialbegabungen, die Württemberg im 19. Jahrhundert hervorgebracht hat, nicht isoliert betrachten, sondern muß sie in einer Reihe sehen mit den schwäbischen Dichtern und Philosophen, von denen nur Möricke, Uhland, Schiller, Hegel und Schelling genannt seien. Die Frage nach der Ursache für diese so eindrucksvolle Häufung von Hochbegabungen in einem so kleinen Lande hat immer wieder zu genealogischen und historisch-soziologischen Forschungen Anlaß gegeben[3]. An der Wurzel dieser Entwicklung steht das bekannte schwäbische System der Begabtenauslese und -förderung unter rein humanistischen Gesichtspunkten, wie es unter der Regierung Herzog Christophs (gest. 1568), dem Sohn des umstrittenen Reformationsherzogs Ulrich, mit den Mitteln des säkularisierten Kirchengutes geschaffen worden ist, und das entsprechend begabten Schülern aller sozialen Schichten des Landes über Landexamen und Seminarien den Weg ins Tübinger Stift und von da zum Theologiestudium öffnete. Hinzu kommt, daß in Württemberg der Adel außerhalb des

---

[2] Kretschmer, E.: Der sensitive Beziehungswahn. Berlin 1918.
[3] Kretschmer, E.: Geniale Menschen. Berlin, 5. Aufl. 1958.

Hofes keine Rolle gespielt hat. Es bildete sich so ein „Schreiber-Adel", die typische
württembergische Ehrbarkeit aus Pfarrern und Amtsleuten. Die Tatsache, daß die
Familien dieser Intelligenzschicht jahrhundertelang ineinander heirateten, und daß so
ihre Ahnenlinien allenthalben verschlungen sind, und daher gerade bei den namhaften
Persönlichkeiten Ahnengemeinschaften bestehen, hat immer wieder die Frage nach
einem ursprünglichen Begabungsträger angeregt, von dem diese dann durch die Generationen weitergereicht worden sein könnte, d. h. nach einer schwäbischen Geistesmutter bzw. einem Geistesvater. Das 1927 zum 450jährigen Jubiläum der Universität
Tübingen von Karl Friedrich Schulz-Euler unter dem Pseudonym H. W. Rath vor-
gelegte aufsehenerregende Werk „Regina, die schwäbische Geistesmutter"[4] hat dieser
Auffassung vorübergehend zur Anerkennung verholfen. Gemeint ist Regina Burckhardt (1599—1699), die Tochter des Tübinger Professors Georg Burckhardt, die durch
ihre Ehe mit dem Leibarzt und Professor Karl Bardili (1600—1647) die Ahnfrau zahlreicher bedeutender Persönlichkeiten geworden ist, wie Hölderlin, Uhland, Schelling,
Gerock, Ottilie Wildermuth, Köstlin, K. v. Reinhard. Inzwischen hat man viele solche
„Geistesväter und -mütter" ermittelt. Die nüchterner gewordene Genealogie beschränkt
sich auf den Nachweis von Ahnengemeinschaften[5]. Die Bonhoeffers die als Goldschmiede aus Nymwegen nach Schwäbisch-Hall eingewandert sind, stiegen in wenigen
Generationen zu Rats- und Pfarrämtern auf, und es läßt sich auch an der Ahnentafel
dieser Familie die auffallende Ahnengemeinschaft berühmter Schwaben nachweisen.
Man hat immer wieder gern davon gesprochen, daß das schwäbische Pfarrhaus die Wiege
dieser vielen Begabungen gewesen sei. Im Pfarrer- und Schreiber-Staat Württemberg,
wie ihn Schelling einmal verachtungsvoll genannt hat, trifft das ja auch weitgehend
zu. Kann man aber auch sagen, daß dies für die genannten Psychiater gilt und gibt es
ein geistesgeschichtliches Zwischenglied, das eine solche Beziehung verständlich machen
könnte? Die bürgerliche Ehrbarkeit Württembergs, der Aufklärung und der höfischen
Bildung abhold, öffnete sich weit dem Pietismus, der sich zur selben Zeit, als der Hal-
lesche Pietismus erstarrte, in Württemberg zu regen begann. Die „Schwaben-Väter"
Ötinger, Bengel und Hahn wirken noch heute fort. 1938 konnte Weitbrecht[6] noch

---

[4] Rath, Hanns Wolfgang: Regina, die schwäbische Geistesmutter. Ludwigsburg und Leipzig
1927.
[5] Wunder, G.: Das Problem der Ahnengemeinschaft namhafter Persönlichkeiten. Genealogisches Jahrbuch, Neustadt 1962.
[6] Weitbrecht, H. J.: Beitrag zu einer schwäbischen Stammes psychopathologie. Z. ges. Neurol.
Psychiat. 162 (1938).

schreiben, man könne in Schwaben nicht Psychiater sein, ohne Religionspsychologie zu studieren. Mit und durch den Pietismus entwickelte sich ein intimer Sinn für das innere Leben, für innere Erfahrung und subjektive seelische Tatsachen, aber auch ein neues Verständnis für das Unwillkürliche im Menschen und ein gesteigertes differenziertes Interesse für psychologische Lebensbeschreibungen[7]. Vom Pietismus gehen starke Anstöße auf die Entwicklung der deutschen Psychiatrie überhaupt aus. Der Mittelsmann auf der großen Entwicklungslinie dürfte dabei Johann Gottfried Langermann (1768—1832) sein, dessen bedeutenden Einfluß auf Karl Wilhelm Ideler, einem der Amtsvorgänger Karl Bonhoeffers an der Charité, Bonhoeffer in seiner sonst so verdienstvollen historischen Studie über die Psychiatrie in der Charité[8] ganz übergeht, von dem allerdings ein Zeitgenosse[9] sagt: „Er (Langermann) ist der verklärte Dr. Ideler, der eigentlich nur seine Ansichten ausführt, ihm auch von Zeit zu Zeit, wenn es mit einem Kranken keinen rechten Fortgang haben will, diesen ins Haus schickt, das der alte (1832), treffliche Herr nicht mehr oft verläßt, schon seit vielen Jahren." Hat man sich so die Bedeutung des Pietismus für die Entwicklung der modernen Psychologie[10] und Psychiatrie deutlich gemacht, dann nimmt es nicht wunder, daß aus dem Umkreis des schwäbischen Pfarrhauses mit dem Erlöschen des eigentlichen religiösen Impulses sozusagen als Säkularisationsphänomen eine so große Zahl bedeutender Psychiater hervorgegangen ist. Für Karl Bonhoeffers Berufswahl ergibt sich, daß sie doch wohl nicht so zufällig und motivlos war, wie er es dargestellt hat, sondern, daß neben dem Reiz, den eine im Werden begriffene Wissenschaft, wie es damals die Psychiatrie war, auf einen jungen Suchenden auszuüben vermochte, vielleicht — ähnlich wie bei seinem Sohn Dietrich, dem Theologen — intensives Fragen nach der eigenen Seele und nach der des Nächsten eine der Wurzeln des weitreichenden beruflichen Entschlusses gewesen ist. Daß Karl Bonhoeffer, der zeitlebens sein Innerstes scheu und streng verwahrt hat, der Psychoanalyse Freuds tolerant, aber nur mit Vorbehalt, ja vielleicht mit innerer Ablehnung entgegentreten konnte, wird so vielleicht etwas verständlicher. Mit der Frage: „Nervenheilkunde als Berufswahl" hat sich Karl Bonhoeffer zur Zeit der Abfassung der Autobiographie noch einmal schriftlich auseinandergesetzt[11]. Was er

---

[7] Dessoir, M.: Geschichte der neueren deutschen Psychologie. Berlin 1902.

[8] Bonhoeffer, K.: Die Geschichte der Psychiatrie in der Charité im 19. Jahrhundert. Z. ges. Neurol. Psychiat. **168** (1940).

[9] Zeller, A.: Tagebuch der psychiatrischen Reise 1832—1833. Manuskript.

[10] Günther, Hans R. G.: Jung-Stilling. München 1928.

[11] Bonhoeffer, K.: Nervenärztliche Erfahrungen und Eindrücke. Berlin 1941.

da schreibt, widerspricht dem Ausgeführten nicht. Er geht davon aus, daß in aller Regel hirnphysiologische, vor allem aber psychologische Interessen das Motiv für den Entschluß, Nervenarzt zu werden, abgebe. Er verlangt von diesem neben der Fähigkeit zu unbefangener, wacher Beobachtung „ein warmherziges Interesse und vorurteilsloses Verständnis für das, was in dem Kranken psychisch vorgeht", darüber Geduld und Ausdauer, aber auch die Fähigkeit, Mißerfolge zu ertragen und nicht zuletzt Kenntnis der gesellschaftlichen sozialen Gegebenheiten, deren Bedeutung für die Entstehung seelischer Schwierigkeiten Bonhoeffer hoch bewertet. Er begrüßt es, daß die Psychoanalyse Freuds mitgeholfen habe, den therapeutischen Nihilismus in der Psychiatrie zu überwinden, reiht sie aber als Methode ein unter andere, wie Kopf-Galvanisation, Arsonvalisation, Magnetismus, Handauflegen, Gesundbeten, Hypnose und rationale Psychagogik. Der psychotherapeutische Erfolg hänge nicht von der Methode, sondern von der Persönlichkeit des Therapeuten ab. Die wesentliche Aufgabe des Nervenarztes liege allerdings auf „psycho-pädagogischem" Gebiet. Da gerade Langermann um die Einführung pädagogischer Methoden in die Geisteskrankenbehandlung bemüht war, hat man hier das Gefühl eines sich schließenden Kreises, ebenso, wenn man von Bethge[12] erfährt, daß Dietrich Bonhoeffer gern das bedeutende Wort des schwäbischen Theosophen Friedrich Christoph Oetinger (1702—1782) zitiert hat: „Leiblichkeit ist das Ende der Wege Gottes." Gerade aber hierdurch wird die Frage dringlich, ob denn nun alle genannten schwäbischen Psychiater einer Schule angehört haben, d. h., ob es denn überhaupt so etwas wie „schwäbische Psychiatrie"[13] gibt. Die Beantwortung dieser Frage hätte zur Voraussetzung, daß deutlich geklärt wäre, was denn eigentlich das spezifisch Schwäbische in der Geistesgeschichte ist. Es ist klar, daß dies ein schwieriges, ja vielleicht unlösbares Problem ist, und jeder Versuch einer Beantwortung sehr subjektiv sein muß. Geht man allerdings von der bekannten Tatsache aus, daß in Schwaben das manisch-depressive Krankheitsbild häufiger ist als in anderen Teilen Deutschlands, daß man dort mehr schwerblütige Grübler findet als sonstwo, und daß so eine Tendenz zum Metaphysischen fast allgemein ist, daß dem typisch schwäbischen Denker das entschiedene Entweder-Oder nicht liegt, daß er mehr zu sowohl-als-auch oder zu wedernoch neigt, zu einer Denkhaltung, von der aus sich Beziehungen zur Hegelschen Dialektik ergeben, und daß man in Schwaben lieber große Zusammenhänge sieht als Teilprobleme, und daß zuletzt die religiöse Tönung des Geisteslebens Kartesianismus viel-

---

[12] Bethge, E.: Dietrich Bonhoeffer. München 1967.
[13] Gaupp, R.: Schwäbische Psychiatrie. Südwestdeutsches Ärzteblatt, 4 (1949), geschrieben zu
    K. Bonhoeffers 80. Geburtstag.

fach als Manichäismus und damit als Häresie erleben läßt, dann wird man den Hauptstrom der schwäbischen Geistigkeit über Johann Valentin Andreae, Oetinger und Bengel in die Romantik hineinfließen sehen. Man wird dann auch die Psychiatrie, welche dem Gemüthaften mehr Beachtung schenkt, als dem Intellektuellen, welche Übergänge sieht statt trennende Schranken, und die an der Einheit von Leib und Seele nicht zweifelt, am ehesten das Prädikat „schwäbisch" geben mögen.

Die Tübinger Psychiatrie-Schule

Es gibt nun tatsächlich einen psychiatrischen Schulzusammenhang, auf den diese Grundsätze zutreffen. Das ist die sogenannte „Tübinger Schule", eine ältere, ausgehend von J. H. F. Autenrieth, die über A. Zeller zu W. Griesinger führt, und eine jüngere mit R. Gaupp und E. Kretschmer und deren Schüler. Es würde an dieser Stelle zu weit führen, im einzelnen darzulegen, was der Grundgedanke dieser Schule gewesen ist, und wie sich dieser von Generation zu Generation gewandelt, ausgestaltet und durch Neues bereichert hat. Es soll lediglich, damit der Zusammenhang augenfälliger werde, auf ein durchgehendes Traditionsbewußtsein hingewiesen werden, das vielleicht am deutlichsten wird, wenn man sich erinnert, daß R. Gaupp als Biograph sowohl von J. H. F. Autenrieth, als auch von A. Zeller, aber auch von J. L. A. Koch hervorgetreten ist. Zum anderen zieht sich wie ein roter Faden durch die ganze Tübinger Schule die Arbeit am Wahn-Problem. Der jüngeren Tübinger Schule hat dies ja auch die scherzhafte Bezeichnung „Tübinger Märchen-Schule" eingetragen. Aber schon bei Zeller und Griesinger wird um dieses Problem gerungen. Für Zeller[14] und Griesinger gab es nur eine Geisteskrankheit (Einheitspsychose), die allerdings in typischen, nicht scharf getrennten Stadien verläuft. Die Schwermut (Melancholie) ist die eigentliche Grundform und das erste Stadium; wenn die Krankheit nicht zum Stillstand kommt, geht sie in Tollheit (Manie) über. Die dritte Hauptform des Irreseins, die Verrücktheit (Paranoia), tritt fast nie als primäre Form auf, schreibt A. Zeller wörtlich, wenigstens nach unseren Beobachtungen, wenn nicht etwa auf dem Wege der Eifersucht, Prozeß-Sucht oder der für Wahrheit gehaltenen einzelnen Sinnestäuschungen. Der Blödsinn (Dementia), die bis zur Unvernunft gehende Geistesschwäche, ist die vierte Form, in welcher alle übrigen

---

[14] Zeller, A.: Zweiter Bericht über die Wirksamkeit der Heilanstalt Winnenthal. Medicinisches Correspondenzblatt des württembergischen ärztlichen Vereins, Band 10, 135 (1840).

enden können. W. Griesinger[15] nennt dann zwei große Gruppen psychisch anomaler Grundzustände: eine, die auf dem krankhaften Entstehen, Herrschen und Fixiertbleiben von Affekten und affektartigen Zuständen beruht, und eine andere, die als Schwäche- oder Erschöpfungszustand der ersten folgt mit Störungen des Vorstellens und Wollens. Wahn entsteht bei Zeller und Griesinger somit als Folge krankhafter Affekte. Das ist dann tatsächlich auch das große Thema der jüngeren Tübinger Schule. Das von R. Gaupp zuerst an Hand des typischen Falles Wagner, eines wahnkranken Massenmörders, psychogenetisch dargestellt wird, und das E. Kretschmer, der das Wahnthema schon in seiner Doktorarbeit[16] „Wahnbildung und manisch-depressiver Symptomkomplex" angeschlagen hatte, in seiner Habilitationsarbeit[17] weiterführen konnte, und zwar mit dem Ergebnis einer weitgehenden psychologischen Aufklärung der Genese dieser Zustände. Daß im übrigen die Frage des allmählichen Überganges von gesund zu krank bei E. Kretschmer eine große Rolle spielte, und daß er gerne in Übergangsreihen dachte, ist hinlänglich bekannt. Das oben zitierte Oetinger-Wort von der Leiblichkeit als dem Ende der Wege Gottes könnte zudem als Motto der gesamten Konstitutionslehre dienen, ebenso wie es ein Hauptanliegen von A. Zeller deutlich macht, der unaufhörlich die Einheit von Leib und Seele betont hat, und zwar in einer Weise, die an Herder[18] erinnert, der vielleicht tatsächlich auch hier der große Anreger gewesen ist, und der auf die Frage: „So wäre die Seele ja materiell?" antwortet: „Ich weiß nicht, was material oder imaterial sei, glaube aber nicht, daß die Natur zwischen beiden eiserne Bretter befestigt habe, weil ich die eisernen Bretter in der Natur nirgends sehe und gewiß am wenigsten vermuten kann, wo die Natur so innig verbindet." Die Ideengeschichte der Tübinger Psychiatrie-Schule führt so nicht nur hinein in die schwäbische Geistestradition, sondern direkt in den Hauptstrom der deutschen Geistesgeschichte. Die Skizze der Tübinger-Schule vermag so deutlich zu machen, daß die Entwicklung der Psychiatrie weit mehr der geistigen Bewegung ihrer Zeit verpflichtet ist als speziellen Erkenntnissen und Entdeckungen auf dem Gebiete der Naturwissenschaften und der Technik, von denen die operativen Fächer der Medizin, aber auch die Innere Medizin ihre entscheidenden Anstöße erfahren haben.

---

[15] Griesinger, W.: Die Pathologie und Therapie der psychischen Krankheiten. 1. Aufl., Stuttgart, 1845.

[16] Kretschmer, E.: Wahnbildung und manisch-depressiver Symptomkomplex. Allg. Z. Psychiatr. 71, 397 (1914).

[17] l. c.[2]

[18] Herder, J. G.: Vom Erkennen und Empfinden der menschlichen Seele. Bemerkungen und Träume. 1778.

Vorbedingungen wissenschaftlicher Selbständigkeit und Eigenart

Karl Bonhoeffers Lebensweg hat sich an zahlreichen Stellen mit der Tübinger Schule gekreuzt, ohne daß er ihr jemals zugehört hätte, ja, er hat sich allen Berufungen, vielleicht Versuchungen, von dieser Seite entzogen. Schon als junger Assistent bei Wernicke hat er ein Angebot auf eine der württembergischen Heil- und Pflegeanstalten erhalten. Leider wissen wir nicht, auf welche. Er hat trotz lockender finanzieller Aussichten abgelehnt. Sein schwäbischer Kollege Paul Kemmler (1865—1919?) hatte sich nach 4jähriger Ausbildung in Breslau (1890—1894) an den Heil- und Pflegeanstalten Zwiefalten, Winnental und Schussenried zum Oberarzt heraufgedient und war 1903 Direktor der neuerrichteten, ganz modern auf Arbeitstherapie eingestellten Staatsirrenanstalt in Weinsberg bei Heilbronn geworden. Karl Bonhoeffer erhielt 1906 einen Ruf, oder wenigstens in Vorverhandlungen die Möglichkeit, Ordinarius an der Tübinger Nervenklinik zu werden. Vater und Mutter Bonhoeffer lebten damals noch in Tübingen. Er hat abgelehnt, die Eltern hatten ihm übrigens eher abgeraten. An seiner Stelle ging Robert Gaupp nach Tübingen. In diesem Zusammenhang darf etwas über die Familie der Mutter Julie, geborene Tafel (21. 8. 1842—13. 1. 1936), gesagt werden. Dabei wird neben anderen genealogischen Unterlagen ausdrücklich auf Bethge[19] verwiesen, der mit Recht schreibt: „Durch die Heirat Friedrich Bonhoeffers mit Julie Tafel mischt sich ein revolutionäres Element unter die Vorfahren Dietrich Bonhoeffers. Hier finden sich Burschenschaftler, leidenschaftliche Republikaner, Sozialisten, ferner Freimaurer, Auswanderer und Swedenborgianer. Julies Vater, Christian Friedrich August Tafel (1798—1856), war einer der vier bekanntgewordenen Gebrüder Tafel, die früh verwaist, alle einen bemerkenswerten Weg gemacht haben. Er hat dreimal geheiratet und aus diesen drei Ehen insgesamt elf Kinder gehabt. Karl Bonhoeffers Tafelsche Vettern- und Basenschaft ist so unüberschaubar. Daß aber auch in der Generation der Mutter Julie Tafel der revolutionäre Schwung noch nicht erloschen war, zeigt ihre eigene frauenrechtlerische Tätigkeit. Ihre Kritik am Bestehenden hat sich wohl auch in ihren beruflichen Ratschlägen an die Söhne ausgedrückt, denen sie ja abgeraten hatte, Offiziere oder Beamte zu werden, wegen der damit auf Lebzeiten begründeten Unselbständigkeit und Abhängigkeit. Insgesamt empfand man im Kreise der Familie Tafel, zu der sich der junge Karl Bonhoeffer doch offenkundig hingezogen fühlte, die Gesellschaftsstruktur des damaligen Württembergs als klüngelig. Man suchte nach Neuem,

---

[19] l. c.[12]

Fernem, Ungewöhnlichem. Daß so eine starke Spannung zwischen der bodenständigeren und auch mehr im Traditionellen verwurzelten Familie Bonhoeffer gegeben war, ist wohl kaum zu bezweifeln. Daß Karl Bonhoeffer als erster seiner Linie seinen engen Heimatkreis verlassen hat, daß er sich frei und selbständig entfalten konnte, das mag von der Seite seiner Mutter angeregt, zumindest gefördert worden sein.

Es liegt eine große Versuchung darin, zu fragen, welche Folgen sich für die Geschichte der Psychiatrie ergeben hätten, wenn Bonhoeffer den Ruf nach Tübingen 1906, also mit 38 Jahren, angenommen hätte. Ob auch er den jungen Kretschmer, den literarisch Begabten, zu weitgreifenden Systemen Tendierenden an die Klinik geholt haben würde? Sicher ist, daß Bonhoeffer an einem ganz anderen Krankengut, als dem der Großstadtkliniken in Breslau und Berlin, auch andere Erfahrungen gemacht hätte. Ernst Siemerling (1857—1913), von der Charité kommend, wo er zeitweise als Oberarzt seinen erkrankten Chef Westphal, den Nachfolger Griesingers, vertreten hatte, hat die Tübinger Nervenklinik, um deren Gründung und Planung jahrzehntelang auch schon von Griesinger gekämpft worden war, übernommen. 1901 hat er in einem Bericht[20] über die ersten sieben Jahre seiner Klinik auch einen Vergleich zwischen dem Tübinger und Berliner Krankengut angestellt. Dort[21] in Berlin 1898 15% Paralytiker, hier in Tübingen 4,2%. Dort 17% „einfache Seelenstörungen" (praktisch die endogenen Psychosen), hier 61%, darunter ein hoher Anteil von Melancholikern, was Siemerling auf das Überwiegen des ländlichen Aufnahmegebietes zurückführt, wo Abgeschlossenheit des Wohnortes, Verbreitung des Sektenwesens solche Störungen begünstigen. Bonhoeffer hat in seinen „Nervenärztlichen Erfahrungen und Eindrücken"[22] die Bilder der Wachsäle, wie er sie in 45jähriger Tätigkeit an sich vorüberziehen sah, charakterisiert: „Damals, Mitte der 90er Jahre des vorigen Jahrhunderts, war das Bild der Aufnahmeabteilungen beherrscht von den im Beschäftigungsdelir umherwandernden, mit ihren Bettstücken wirtschaftenden Alkoholdeliranten. Es verging im Sommer kein Tag, an dem nicht einer oder mehrere Deliranten zur Aufnahme kamen. Eine Studie über den Geisteszustand der Deliranten, wie ich sie damals systematisch in Breslau unter Einbeziehung der Untersuchung der Sinnesgebiete, der Gesichtsfelder, Tastkreise usw. an großen Reihen von Deliranten durchführen konnte, wäre heute, wo der Delirant fast

---

[20] Siemerling, E.: Bericht über die Wirksamkeit der psychiatrischen Universitätsklinik Tübingen in der Zeit vom 1. 11. 1893 bis 1. 1. 1901 nebst Geschichte der Entwicklung. Tübingen 1901.

[21] Zitat nach K. Ernst: Geschichte und Leistungen der Universitäts-Nervenklinik Tübingen.

[22] l. c.[11]

eine Seltenheit geworden ist, nicht in diesem Umfang möglich." In Tübingen wären diese Untersuchungen nach Siemerlings Statistik[23] auch nicht möglich gewesen. Aber 1906 war diese Arbeit mit der Habilitationsschrift „Der Geisteszustand der Alkoholdeliranten", Breslau 1897, und der Arbeit „Über die akuten Geisteskrankheiten der Gewohnheitstrinker", Jena 1901, auch abgeschlossen. Nicht geschrieben war allerdings Bonhoeffers bahnbrechender Handbuchbeitrag „Die Psychosen im Gefolge von akuten Infektionen, Allgemeinerkrankungen und inneren Erkrankungen"[24], 1912, in dem er seine Lehre von den exogenen Psychosen, auf die weiter unten noch einzugehen ist, begründet hat. Ob er in Tübingen dieses Werk hätte vollenden können, ist zumindest fraglich; wahrscheinlich wäre er, wie sein Freund R. Gaupp, vom schwäbischen Krankengut auf den Weg der vertieften psychologischen Durchringung abnormer Seelenzustände gewiesen worden.

Haben die bisherigen Ausführungen Karl Bonhoeffer in erster Linie als einen ungewöhnlich selbständigen, seinen Lebensweg nach dem ihm eigenen inneren Gesetz unbeirrt, geradlinig gehenden Mann gezeigt, dann wird sich dieser Eindruck im folgenden Abschnitt, der seinem wissenschaftlichen Lebenswerk gewidmet ist, noch vertiefen. Es ist selbstverständlich, daß es an dieser Stelle unmöglich ist, das wissenschaftliche Gesamtwerk zu würdigen oder auch nur eingehend zu besprechen. Wie Bonhoeffer selbst mit einem gewissen Stolz erwähnt, gibt es in seinem Leben kaum ein Jahr, in dem er nicht wissenschaftlich publiziert hat. In über 90 Arbeiten hat er sich mit fast allen Gebieten der Neuropsychiatrie eingehend beschäftigt, und es ist bezeichnend für ihn, daß sich unter diesen Arbeiten keine einzige findet, in der ungeprüfte, spekulative Hypothesen eine entscheidende Rolle spielen. Karl Jaspers hat das einmal so ausgedrückt: „Durch seine Arbeiten geht ein Hauch von Bescheidung vor den ungeheuren Rätseln"[25]. Das angefügte Gesamtverzeichnis spricht hier seine eigene Sprache. An Wichtigkeit und allgemeiner Bedeutung heben sich allerdings drei Themenkreise hervor, die Arbeiten zur Hysterie-Lehre, die Arbeit über die Degenerationspsychosen und zuletzt — das bedeutendste Werk — seine Lehre von den akuten exogenen Reaktionstypen.

---

[23] l. c.[20, 21]

[24] Handbuch der Psychiatrie, herausgegeben von Aschaffenburg, Teil B, 3. Abt., 1. Hälfte, Seite 1—110. Leipzig und Wien 1912.

[25] Jaspers, Karl: Allgemeine Psychopathologie. 5. Aufl., Seite 713. Berlin und Heidelberg 1948.

Die Hysterielehre

Nach der Schaffung eines deutschen Haftpflichtgesetzes und der Unfallversicherung 1884 im Rahmen des Bismarckschen Sozialversicherungsrechtes wurden zunehmend Unfallneurosen, vor allem nach Eisenbahnunfällen, beobachtet. Der herrschenden Lehre des großen Pariser Nervenarztes Jean Martin Charcot (1825—1893) zufolge waren Unfallneurosen hysterischer Natur. Charcot verstand unter Hysterie eine degenerative materielle Erkrankung derjenigen Teile des Gehirns, die dazu bestimmt sind, die affektiven Eindrücke und Gefühle zu empfangen. Die Symptomatik war eine neurovegetative bzw. psychische, dabei standen Anfälle, Lähmungen und Sensibilitätsstörungen im Vordergrund. Die Ätiologie der Hysterie wird von Charcot wie die der meisten Nervenkrankheiten auf Entartung zurückgeführt, sie ist für ihn ein erblich determiniertes Leiden[26]. Der bekannte deutsche Neurologe Oppenheim sah in heftigem Widerspruch zu Charcot die Ursache der Folgezustände nach solchen Unfällen in einer „traumatischen Neurose", d. h. in mikrostrukturellen Veränderungen der Gehirnsubstanz, hervorgerufen durch die Gewalteinwirkung auf den Schädel. Der Streit um die traumatische Neurose beschäftigte die deutsche Neuropsychiatrie 25 Jahre lang, und zwar mit zunehmender Heftigkeit, nachdem im Verlaufe der unmenschlichen, mitleidlosen Materialschlachten des 1. Weltkrieges Tausende und aber Tausende von Soldaten mit Zittermechanismen und Lähmungen erkrankt waren, deren Zuordnung: hysterisch oder traumatisch-neurotisch, nun ganz aktuelle Bedeutung für Begutachtung und Behandlung erlangte. Dieser wissenschaftliche Streit wurde natürlich auch in der Berliner Gesellschaft für Psychiatrie und Neurologie, welche 1867 von W. Griesinger gegründet worden war, ausgetragen. Karl Bonhoeffer war lange Zeit Vorsitzender dieser hochbedeutenden wissenschaftlichen Vereinigung. Aus den anläßlich des hundertjährigen Jubiläums[27] dieser Gesellschaft durch Selbach erschlossenen Sitzungsprotokollen läßt sich Bonhoeffers Stellung in dieser Auseinandersetzung lebendiger machen, als durch Referieren der entsprechenden wissenschaftlichen Arbeiten. Oppenheim hatte seine Auffassung von der „traumatischen Neurose" am 12. Januar 1891 offenbar zum wiederholten Male vor der Gesellschaft verteidigt[28]. Am 14. Dezember 1914 trat Bon-

---

[26] Leibbrand, W., u. A. Wettley: Der Wahnsinn. Freiburg und München 1961.

[27] Selbach, H.: Hundert Jahre Berliner Gesellschaft für Psychiatrie und Neurologie. Dtsch. med. Journal 19, 297 (1968).

[28] Selbach, H.: Einhundert Jahre Sitzungsprotokolle der Berliner Gesellschaft für Psychiatrie und Neurologie. l. c.[27]

hoeffer mit seiner eigenen Meinung in dieser Sache hervor. Die Lähmungen durch
Schreckwirkung nach Granatexplosionen seien psychogen, im eigentlichen Sinne, wie
er später noch genauer differenzieren sollte, hysterisch, da Wunschvorstellungen mit
im Spiele seien. Bonhoeffer hatte damals zur Verdeutlichung seiner theoretischen Ausführungen an das Kindheitserlebnis erinnert, welches auch in seiner Autobiographie
nicht vergessen ist, nämlich, wie er, vom Steinwurf eines Spielkameraden getroffen,
zunächst wie bewußtlos liegen blieb, um den Täter zu erschrecken. Diese psychologische
Deutung der Entstehung der Unfallneurosen aus Wunschvorstellungen heraus, wurde
später von Bonhoeffer noch damit gestützt, daß derartige Zustände bei Kriegsgefangenen trotz mancher Wehleidigkeit nicht auftreten, da ihr Krieg zu Ende ist. Oppenheim ließ sich nicht erschüttern. Er grollte am 12. Juli 1915: „Wenn ich eine Auffassung so beharrlich vertrete, so dürfte das auch die anderen zu einer gewissen Vorsicht
mahnen." Bonhoeffers Auffassung vermochte sich gegen Oppenheim durchzusetzen.
Der dramatische Höhepunkt und Abschluß dieser Diskussion war die Kriegstagung
der Gesellschaft der Deutschen Nervenärzte 1916 in München. Auf dieser konnten
Nonne und Gaupp Oppenheims Lehre in sachlichen Referaten endgültig widerlegen.
R. Gaupp hatte sich aufgrund eigener Einsichten Bonhoeffer angeschlossen, der 1941
in seinen „Nervenärztlichen Erfahrungen und Eindrücken"[29] mit berechtigtem Stolz
den von ihm geprägten Grundsatz der ärztlichen Beurteilung der sogenannten Unfallneurosen nochmals prägnant formuliert hat: „Wir wissen heute, daß es im wesentlichen durch die hypochondrische Befürchtung, dauernd geschädigt zu sein, hervor-
gerufene Sicherungswünsche sind, die das Bild der sogenannten traumatischen Neurose
herbeiführen, und wir wissen, daß sich die Schockwirkungen der Katastrophen in kürzester Zeit zu verlieren pflegen und keine Dauererscheinungen hinterlassen." Verall-
gemeinert, war das Ergebnis dieser Arbeiten über das Problem der traumatischen Neurose die Einsicht, daß das menschliche Gehirn doch wesentlich widerstandsfähiger gegen
äußere Einflüsse ist, als man bisher angenommen hatte. Eine recht unpopuläre Erkenntnis, entspricht es doch durchaus dem allgemeinen Empfinden, daß man in unerträglichen
körperlich und seelisch strapazierenden Situationen den Verstand verlieren, verrückt
werden könne. Es gehört so auch zu den ersten überraschenden Erkenntnissen der
jungen europäischen Psychiatrie, daß selbst in Zeiten heftigster allgemeiner Gefahr und
Aufgeregtheit die Aufnahmen in den psychiatrischen Anstalten nicht zunahmen. J. E. D.
Esquirol (1772—1840) bemerkte dies schon für die erste französische Revolution. Aber

---

[29] l. c.[11]

auch die Unruhen von 1830 und im Revolutionsjahr 1848 lieferten nach vielfachen
Zeugnissen aus Frankreich und Deutschland gar keine oder keine irgend erhebliche
Zunahme der psychischen Erkrankungen[30]. Griesingers Lehrer konnte so schon 1854[31]
schreiben: „Es ist fast unglaublich, welche Summe von Irrtum, Torheit, Jammer, Lei-
denschaftlichkeit aller Art, Unsittlichkeit, Gottlosigkeit das Seelenorgan ertragen kann,
ohne zu erkranken, wie man dies in den Zeiten der epidemischen Aufregung und Ver-
wirrung in den Jahren 1848 und 1849 im großartigsten Maßstab sehen konnte, welche
Jahre wenigstens uns keinerlei namhaften Zuwachs von Kranken und nicht einen Fall,
in dem nicht zugleich andere bedeutende körperliche Schädlichkeiten mitgewirkt hätten, gebracht haben." Während des russisch-japanischen Krieges (1904—1905) konnte
dann Awtokratow[32] nach körperlicher Übermüdung, nach Schlafentzug, erregenden
Kampferlebnissen vorübergehende neurasthenische Zustände, unter Umständen mit
flüchtigen traumhaften illusionären Täuschungen, aber keine Zunahme der eigentlichen
Psychosen beobachten. Karl Bonhoeffer gelang es endlich während der Kriegsjahre
1914—1918, anhand der gut organisierten Morbiditätsstatistik des Deutschen Reiches,
das bisher nur anmutungsweise erörterte Problem wissenschaftlich korrekt zu bearbeiten. Das Ergebnis war, daß die Kriegserlebnisse offenbar nicht in der Lage sind, die
sogenannten endogenen Psychosen Schizophrenie und manisch-depressive Krankheit
zu verursachen oder auszulösen. Bonhoeffer hat auch diese wichtige Einsicht in seinen
„Nervenärztlichen Erfahrungen und Eindrücken"[33] 1941 noch einmal formuliert: „Es
konnte als sichere Kriegserfahrung gebucht werden, daß das gesunde Gehirn auch über-
starke und andauernde körperliche Strapazen, Entbehrungen und Emotionen erträgt,
ohne daß schwere seelische Funktionsstörungen die Folge wären." Diese Feststellung
hatte für die Entwicklung der Psychiatrie weitertragende Konsequenzen, als man zunächst
dachte. Wurde doch durch sie nicht nur die Bedeutung des Endogenen, des Ererbten,
Konstitutionellen für die Entstehung der genannten psychischen Erkrankungen hervor-
gehoben und die wesensmäßige Unterschiedlichkeit der endogenen von den exogenen
Psychosen betont, sondern auch der Weg geebnet für das Verständnis der intimen

---

[30] Griesinger, W.: Die Pathologie und Therapie der psychischen Krankheiten. 4. Aufl., S. 144.
Braunschweig 1876.

[31] Zeller, A.: Bericht über die Wirksamkeit der Heilanstalt Winnenthal vom 1. März 1846
bis 28. Februar 1854. Med. Correspondenzblatt des württemb. ärztl. Vereins. Band 24,
S. 302 (1854).

[32] Awtokratow, P. M.: Die Geisteskranken im russischen Heer usw. Allg. Z. Psychiatr. 64,
286 (1907).

[33] l. c.[11]

Psychologie, vor allem der Schizophrenie; für das Verständnis von Kranken, die fast unempfindlich gegen vitale Bedrohung von außen und dabei äußerst verletzlich auf dem Felde intimer Innenkonflikte, vor allem des Selbstwertes und der Sexualität sind[34], d. h. also letztlich für das Verständnis der Bedeutung der individuellen „Krisen auf dem Lebenswege"[35].

Die ganze Tragik der Familie Bonhoeffer und der Vielen, die mit ihr durch gleiches oder ähnliches Leid verbunden sind, drückt sich darin aus, daß diese Erfahrungen aus dem ersten Weltkrieg durch die der Hitlerzeit ergänzt werden mußten. Es wurde schon bald nach Kriegsende deutlich, daß nicht wenige der Menschen, die aus rassischen oder politischen Gründen in den unseligen Jahren zwischen 1933 und 1945 von der Macht des unmenschlichen Regimes bis aufs Äußerste verfolgt und gequält worden waren, seelische Schäden erlitten hatten, die mit denen des ersten Weltkrieges nur teilweise zu vergleichen waren. Es war Karl Bonhoeffer selbst, der als erster im deutschen Schrifttum im ersten Heft der nach jahrelanger Unterbrechung wiedererschienenen Fachzeitschrift „Der Nervenarzt"[36] aufgrund der Erfahrungen seiner Söhne und Schwiegersöhne bzw. deren Freunden und Leidensgenossen zu diesem Problem Stellung nahm. Er spricht jetzt davon, daß es doch Grenzen der psychischen Tragfähigkeit gebe. Bei einem Übermaß künstlich herbeigeführter körperlich quälender, die Persönlichkeit entwürdigender Prozeduren, insbesondere bei Folterungen, wenn die emotionalen Insulte und Quälereien auf die Einzelperson abgestellt seien, mit der ausgesprochenen Absicht, sie zu zermürben und zu erpressen, könnten durch das Zusammenwirken exzessiven affektiven Erlebens und körperlicher Qual Psychosen hervorgerufen werden. Wörtlich fährt Bonhoeffer in diesem Zusammenhange fort: „Mir sind Fälle bekannt, in denen kurz andauernde Halluzinationen unmittelbar im Gefolge solcher Folterungen (es wird das ganze abscheuliche Register aufgeführt von Nahrungsentzug und Schlafentzug bis zu Fesselungen, Schlägen und Drohungen gegen die Angehörigen) auftraten. Es handelte sich um „Stimmen von oben, von der Decke", von Angehörigen und Personen, die mit dem Verfahren zu tun hatten, um traumhaftes, fratzenhaftes, visionäres Erscheinen des Folterknechts als Teufel. Der Komplex hielt sich auch nach

---

[34] Kretschmer, E.: Psychotherapie der Schizophrenen und ihrer Grenzzustände. Universitas 11, 505 (1959).

[35] Zutt, J.: Das Schizophrenieproblem. Nosologische Hypothesen. Klin. Wschr. 3, 34, 679 (1956).

[36] Bonhoeffer, K.: Vergleichende psychopathologische Erfahrungen aus den beiden Weltkriegen. Der Nervenarzt 18, 1 (1947).

dem Abklingen der Sinnestäuschungen längere Zeit und veranlaßte die Betroffenen immer wieder, zu fragen, ob die halluzinierten Personen wirklich nicht dagewesen seien." Die Frage drängt sich auf: Wer hat so gelitten? Klaus oder Dietrich Bonhoeffer, Hans v. Dohnanyi oder Rüdiger Schleicher? Der mit betonter wissenschaftlicher Sachlichkeit um Fassung Ringende verrät es nicht.

R. Gaupp hat später noch in dem Nachruf[37], welchen er dem alten Freund schrieb, bedauert, daß Karl Bonhoeffer, der als feinsinniger, mit hervorragender Einfühlung begabter Psychiater wohl das Beste über das Wesen der hysterischen Symptombildung gegeben habe, im Streit der Geister über die Lehren von Freud, Adler und Jung und anderen „Psychoanalytikern", soweit er (Gaupp) sehen könne, nirgends ausführlich und grundsätzlich Stellung genommen habe. Das Intuitive sei ihm nicht fremd gewesen, das beweise sein ganzes Lebenswerk, aber es habe ihn nicht gedrängt, ins Reich des Dunklen, Unbeweisbaren, der kühnen, phantasievollen Deutung vorzudringen, wo soviel zu behaupten und so wenig wirklich sicher zu beweisen sei. „Bonhoeffer, seinem ganzen Wesen nach scharfsinnig und kritisch, dem Philosophischen gegenüber aber vorsichtig und bescheiden, blieb in den Grenzen der empirischen Welt, die ihm zugänglich war." Was allerdings mit solcher vorsichtiger Empirie, gepaart mit der intuitiven Fähigkeit, andere von innen zu verstehen, an wissenschaftlichen Erträgen einzubringen war, werden die folgenden Abschnitte zeigen.

Verwurzelung in Breslau und die Arbeit am Problem der Degenerationspsychosen

Es ist ein schmales, nur 55 Seiten starkes Büchlein[38], mit dem Titel „Klinische Beiträge zur Lehre von den Degenerationspsychosen", das eine nicht nur wissenschaftlich, sondern auch menschlich entscheidende Lebensphase Bonhoeffers charakterisiert. Die fünfjährige Assistentenzeit bei Wernicke war mit einem Mißklang zu Ende gegangen. Nach dem Erwerb der Dozentur und der Verheiratung am 5. März 1898 konnte Bonhoeffer nicht mehr in abhängiger Stellung tätig sein. Von Breslau wegzugehen, wurde offenbar nicht ernstlich in Erwägung gezogen, und so war es eine willkommene Gelegenheit, daß er die Leitung der neuerrichteten Beobachtungsstation am Gefängnis in Breslau

---

[37] Gaupp, R.: Karl Bonhoeffer. Dtsch. Z. Nervenheilk. **161**, 1 (1949).
[38] Bonhoeffer, K.: Klinische Beiträge zur Lehre von den Degenerationspsychosen. Halle a. d. Saale 1907.

130

übernehmen konnte. Er hat dieses Amt fünf Jahre, bis zur Berufung nach Königsberg, ausgeübt, offenbar ohne inneren Widerwillen gegen den ständigen unmittelbaren Umgang mit psychisch auffälligen Rechtsbrechern oder gegen die Gefängnisatmosphäre. Eine sonderbare Karriere für einen aufstrebenden Privatdozenten und sicher ein Entschluß aus vielfachen Motiven. Drang nach Selbständigkeit das eine, unmittelbarer Bezug zum Juristischen als Vaters Erbe, verbunden mit Toleranz und Vorurteilslosigkeit, ein anderes, Bindung an Breslau und an die Familie der jungen Frau vielleicht das Entscheidende. Da Karl Bonhoeffer in seiner für die Familie geschriebenen Biographie auf die in diesem Kreise bekannten Familientatsachen nicht einzugehen brauchte, enthält die Autobiographie außer dem unmittelbar und einprägsam beschriebenen ersten Kennenlernen wenig über seine Frau und deren Familie. So mag an dieser Stelle etwas über die Familie von Hase eingefügt werden, und zwar wieder unter weitgehender Benutzung von Bethges Dietrich-Bonhoeffer-Biographie[39]. Karl Bonhoeffers Frau Paula, geborene von Hase, geb. am 30. 12. 1874 in Königsberg, gest. am 1. 2. 1951 in Berlin, brachte vielfache Begabungen mit: Aus der Familie ihrer Mutter Klara Gräfin von Kalckreuth (1851—1903) vor allem eine musische. Klaras Vater, Stanislaus Graf von Kalckreuth (1820—1894), war Maler, aber auch Gründer und Leiter der Großherzoglichen Kunstschule in Weimar. Stanislaus' große Alpenlandschaften hängen in zahlreichen Galerien, z. B. in der Münchener Pinakothek. Klaras Bruder, Leopold Graf von Kalckreuth (1855—1928), hat den Vater als Maler übertroffen. Klara von Hase, geborene Gräfin von Kalckreuth, war aber auch musikalisch. Paula von Hase hat diese Musikalität in das Haus Bonhoeffer eingebracht. Mit der Familie Hase kommt ein großer Zug in die Familie Bonhoeffer, vor allem geistige, theologische Universitätstradition. Die Erinnerung an den bedeutenden Kirchenhistoriker und erfolgreichen theologischen Lehrer und Schriftsteller Karl August von Hase (1800—1890), der 1831 die Tochter des Leipziger Verlegers Härtel, Paula, geheiratet hatte, den Großvater von Paula Bonhoeffer, wurde gepflegt. Was die Familie Tafel und die Mutter für Karl Bonhoeffer gewesen war, das wurde die Familie von Hase für Bonhoeffers Kinder. Die stets anregende, lebendige und nie kapitulierende Mutter hatte alle Zügel, an denen der große Haushalt und die große Familie zu lenken waren, in der Hand. Im Gegensatz zu dem wohl immer etwas herben, einsilbigen, alles Phrasenhafte strikt ablehnenden Vater Karl Bonhoeffer, erlaubte sich die Mutter, große und auch fromme Gefühle zu haben und auch auszudrücken. Es scheinen sich so die jeweils vorherrschenden Wesens-

---

[39] l. c.[12]

züge der Ehepartner ergänzt zu haben. Eine ungewöhnlich feste, dauerhafte Bindung wurde dadurch möglich. In der Erziehung der Kinder hatten beide Elternteile wohl denselben Grundsatz verfolgt, in erster Linie klardenkende, selbständige, innengelenkte Menschen zu bilden, die an Schlagworten, Geschwätz, Gemeinplätzen und Wortschwall keinen Geschmack finden konnten[40].

Doch zurück zum Problem der Degenerationspsychosen bzw. zur Breslauer Beobachtungsstation und zu ihren meist unter dem Verdacht der Simulation stehenden, in der Haft psychisch auffällig gewordenen Gewohnheitsverbrechern. Da es sich bei diesen in erster Linie um Wahnkranke handelte, gelangen Bonhoeffer während dieser Zeit wichtige Einblicke in das Wahn-Problem. Er unterscheidet drei Gruppen von wahnkranken Häftlingen: Eine, bei welcher eine paranoische Denkrichtung von Anfang an bestanden hat, und es durch das Erlebnis der Bestrafung bzw. der Haft zu episodischer Wahnbildung, vorwiegend unter dem Bilde des Querulantenwahnes, gekommen war; eine andere, bei der die paranoide Erkrankung auf dem Boden von Entartungszuständen zur Entwicklung kam, die der erethischen Debilität nahestehen, also ohne eigentliche Disposition zur Wahnbildung, so daß demgemäß den äußeren Einflüssen der Haft für die Genese dieser Zustände eine große Bedeutung zukommt. Die dritte Gruppe ist die wichtigste: Bonhoeffer entwickelt an ihr, wie schon in einer früheren Arbeit[41] seine Lehre von der Labilität des Persönlichkeitsbewußtseins. Er beschreibt dies als eine krankhafte Leichtigkeit, die Erinnerungsreihe des wirklichen Lebens gegenüber Phantasievorstellungen, wie sie dem kindlichen und unreifen Bewußtsein eigen sind, unterbewußt werden zu lassen. Zu dieser Labilität des Persönlichkeitsbewußtseins muß allerdings die Neigung zu Einfällen bald mehr in Form von einfachen Pseudologien, bald mehr in der Färbung retrospektiven Beziehungswahns treten, und zwar unter dem Einfluß von unlusterregenden Situationen, um die geschilderten Krankheitsbilder zu erzeugen. Diese Untersuchungen haben bis heute für die Beurteilung von Haftpsychosen ihren Wert behalten, vor allem, wenn es gilt, diese gegen Schizophrenien abzugrenzen. War es doch das Hauptanliegen dieser Studie, dem nivellierenden Einfluß auf die Diagnostik, den Bonhoeffer von Kraepelins[42] Lehre ausgehen sah, entgegenzutreten. Daß er dabei zurückgriff auf den damals allerdings noch keineswegs unmodern gewordenen Degenerationsbegriff, vor allem des führenden französischen Psychiaters Valentin

---

[40] Leibholz, S.: Kindheit und Elternhaus in Begegnungen. 15 f.
[41] Bonhoeffer, K.: Über den pathologischen Einfall. Dtsch. med. Wschr. 1904.
[42] Kraepelin, E. (1856—1926). Ordinarius für Psychiatrie in München und Gründer der Deutschen Forschungsanstalt für Psychiatrie in München.

Magnan (1835—1916), der einen tüchtigen Schuß Darwinismus enthält, ohne allerdings von diesem herzustammen, schmälert diese bis heute bedeutsame Leistung nicht, hat die Benutzung der Begriffe der Degenerationslehre Bonhoeffer doch keineswegs daran gehindert, zu einer psychisch-dynamischen Analyse der beobachteten Wahnzustände vorzustoßen, die ganz in der Nähe modernerer psychoanalytischer Vorstellungen liegen, Vorstellungen, die es nahelegen, den Begriff der Labilität des Persönlichkeitsbewußtseins mit „Ich-Schwäche" zu übersetzen. Liegt so dennoch ein Schleier des Historischen über diesen Untersuchungen, ein Schleier, den man heben muß, um das Wesentliche zu erkennen, dann trifft dies in keiner Weise zu für Bonhoeffers wissenschaftliches Hauptwerk, seine Lehre von den akuten exogenen Reaktionstypen.

Das Hauptwerk: Die akuten exogenen Reaktionstypen

Um die Bedeutung dieses Forschungswerkes ganz verständlich zu machen, ist es allerdings notwendig, historisch ein wenig weiter auszuholen. Daß nicht selten im Verlaufe schwerer körperlicher Erkrankungen, nach Kopfverletzungen, bei Vergiftungen und bei hohem Fieber, oder auf dem Sterbebett schwere psychische Störungen auftreten, ist sicher eine uralte, leidvolle Menschheitserfahrung, die sich gewiß schon in den Werken der Ärzte des Altertums niedergeschlagen hat. Wie schwierig allerdings die Deutung der antiken Krankheitsbezeichnungen nach modernen diagnostischen Gesichtspunkten ist, darauf wurde von berufener medizinhistorischer Seite[43] hingewiesen. Bekanntlich beginnt die moderne Medizin, die auf der pathologischen Anatomie fußt, mit dem bahnbrechenden Werk von Giovanni Batista Morgagni (gest. 1771) „De sedibus et causis morborum", Venedig 1761. In diesem in Briefform verfaßten Werk trägt der siebte Brief die Überschrift: „Über die Phrenitis, die Paraphrenitis und das Delirium"[44]. Er umfaßt akute fieberhafte Erkrankungen mit Irrereden, Erregungszuständen und Wahnvorstellungen. Entsprechend seinem wissenschaftlichen Programm sucht Morgagni die Ursache dieser Erscheinungen im Gehirn, dementsprechend sind — wie uns heute nicht in Erstaunen versetzt — die pathologisch-anatomischen Befunde äußerst gering. Man hätte dennoch erwarten dürfen, daß das epochemachende Werk Ärzte

---

[43] Resumee bei W. Leibbrand u. A. Wettley: Der Wahnsinn. Freiburg und München 1961, S. 32 f.

[44] Morgagni, G. B.: Sitz und Ursachen der Krankheiten. Ausgewählt, übertragen, eingeleitet und mit Erklärungen versehen von Markwart Michler. Bern und Stuttgart 1967.

angeregt hätte, auch über den Inhalt des siebten Briefes weiterzuforschen, d. h. daß man wenigstens den Versuch gemacht hätte, Licht in das Zusammen- oder Nebeneinander von körperlichen Erkrankungen und psychischen Störungen zu bringen und Beobachtungen zu sammeln. Nichts dergleichen erfolgte, nicht einmal bei Johann Christian Reil (1759—1813), der Morgagni zeitlich nahe ist, und dem Medizin, Physiologie und Psychiatrie wichtige Anregungen verdanken; man denke nur an seine berühmt gewordenen „Rhapsodien"[45], und der dazu die psychischen und nervösen Krankheiten im 4. Band seiner Fieberlehre[46] behandelte und dort die geistigen und nervösen Krankheiten in Beziehung zur „Intemperatur" des Nervensystems bringt, nicht einmal bei diesem findet man einen noch so vagen Hinweis, z. B. auf das Fieberdelir, das häufig bei Kindern auftretend, damals wie heute den meisten Müttern bekannt gewesen sein muß. In Deutschland nimmt man sich dieses Problems erstmals im Verlaufe der die ganze erste Hälfte des 19. Jahrhunderts thematisch beherrschenden Auseinandersetzung zwischen den beiden Schulen der Psychiker, so genannt, weil sie die Geisteskrankheiten als reine Erkrankung der Seele betrachen, und der Somatiker, die ihrerseits Geisteskrankheiten als eine ausschließlich körperliche Angelegenheit mit mehr oder weniger wichtigen seelischen Symptomen betrachteten, an. Für die Psychiker sind zwei Namen charakteristisch: K. W. Ideler, der Direktor der Psychiatrischen Klinik und Professor zu Berlin (1795—1860), und Joh. Chr. Aug. Heinroth in Leipzig, der erste Professor der Psychiatrie in Deutschland überhaupt (1773—1843). Für Heinroth war Seelenstörung Freiheitsverlust, ein Herabsinken aus dem Kreise der Freiheit; dabei sind Freiheit und Heiligkeit für Heinroth identisch. „Vom Herzen aus geht jeder menschlich-krankhafte Zustand, und im Herzen wohnt die Hölle wie der Himmel." Ideler sah im Wahnsinn stets das Erzeugnis einer bis zur vollständigen und anhaltenden Unterdrückung der Besonnenheit gesteigerten Leidenschaft, deren Entwicklung bis zu diesem Grade für ihn das gemeinsame Ergebnis aller vorausgegangenen Lebenszustände und ihrer Verhältnisse zur Außenwelt war. Daß in einer solchen Psychiatrie kein Raum war für Geistesstörungen im Gefolge von akuten Infektionen, Allgemeinerkrankungen oder inneren Erkrankungen, oder gar bei Schädel-Hirn-Verletzungen, versteht sich ohne weiteres. Heinroth und Ideler haben diese Seite der Psychiatrie einfach der Allgemeinmedizin überlassen. Die Somatiker, angeführt durch den Bonner Professor und Direktor der Medizinischen Klinik Ch. Fr. Nasse (1778—1851) und am entschieden-

---

[45] Reil, J. Ch.: Rhapsodien über die Anwendung der psychischen Kurmethode auf Geisteszerrüttung. Halle a. d. Saale 1803.

[46] Reil, J. Ch.: Über die Erkenntnis und Kur der Fieber. 4. Band. Halle a. d. Saale 1799.

sten vertreten durch Maximilian Jacobi, dem Sohn des Philosophen F. H. Jacobi und Schwiegersohn von Matthias Claudius (1775—1888), kamen dagegen schon recht nahe an unser Thema heran, z. B. mit folgendem Forschungsprogramm, das Nasse[47] aufgestellt hat: „Es gilt hierbei, alles auf dem Erfahrungsweg Gefundene, das für eine solche Untersuchung Aufschluß geben kann, in Erwägung zu ziehen: Ähnlichkeit und Unähnlichkeit der psychischen und somatischen Erscheinungen, Übereinstimmung derselben in den Zeitverhältnissen ihres Vorkommens, Gleichheit und Verschiedenheit der äußeren Bedingungen, unter denen sie zustande kommen, Ähnlichkeit und Unähnlichkeit der Zustände, worauf sie uns nötigen, sie zurückzuführen, gleichen oder ungleichen Schritt gehende Entwicklung dieser Zustände, gemeinsames oder gesondertes Vorkommen sowie äußere ursächliche Beziehungen derselben." Maximilian Jacobi, der Begründer und erste Direktor der Rheinischen Irren-Heilanstalt Siegburg, war ein tief religiöser, christlicher Mann. Er hielt am Substanzbegriff der Seele entschieden fest. Seelenkrankheiten im eigentlichen Sinne konnte es so für ihn nicht geben, sondern nur von Irresein begleitete körperliche Erkrankungen. Da jede körperliche Erkrankung mit Geistesstörungen einhergehen kann, betrachtet Jacobi den ganzen Körper des Menschen als Seelenorgan, ein Primat des Gehirns lehnte er ab. Man könnte meinen, daß bei dieser starken theoretisierenden Verallgemeinerung das eigentliche Problem der symptomatischen Psychosen in einem Wust von Ungenauigkeiten habe untergehen müssen. Daß dies nicht zutrifft, und daß Jacobi tatsächlich grundsätzlich richtige Beobachtungen auch auf diesem Gebiet gemacht hat, zeigt folgendes Zitat[48]: „Eine beachtungswerte Verschiedenheit zeigen überdies diese von Irresein begleiteten Krankheitszustände, insofern sie zu den akuten oder chronischen gehören, indem es unter den ersteren nur gewisse Formen gibt, welche von Seelenstörungen häufig begleitet zu werden pflegen, . . . Wo aber das Irresein in akuten Krankheiten sich zeigt, erscheint es in der Regel unter der Form von Delirien, mit häufiger Steigerung bis zur Raserei, und mit leichtem Übergang in Stumpfsinn oder Blödsinn. Die chronisch verlaufenden Krankheiten hingegen sehen wir gelegentlich fast von allen uns bekannten Formen von Irresein begleitet, und dieses erscheint dabei nur in wenigen Fällen unter der Gestalt von Wahnsinn der verschiedensten Art, mit dem Charakter, bald von Exalta-

---

[47] Nasse, Ch. Fr.: Die Aufgabe der Erforschung und Heilung der somatisch-psychischen Zustände. Zeitschrift für die Beurtheilung und Heilung der krankhaften Seelenzustände. Band 1 (einziger), S. 1—36. Berlin 1838.

[48] Jacobi, M.: Fortgesetzte Erörterungen zur Begründung der somatisch-psychischen Heilkunde. l. c.[47], S. 34—118.

tion, bald von Depression, und in allen dazwischenliegenden Nuancen, sowie mit dem schon selteneren Übergang in Tobsucht oder mit der Ausartung in Narrheit, Blödsinn usw."

Es war bei der Einseitigkeit der Standpunkte nicht zu erwarten, daß eine der beiden Richtungen zu allgemeiner Anerkennung gelangen würde. Die Synthetiker, welche die richtigen Gesichtspunkte beider Lager am ehesten zu vereinigen wußten, trugen den Sieg davon, vor allem die Tübinger Schule, in der sich das Sowohl-als-Auch in bezug auf körperliche bzw. seelische Verursachung der Geisteskrankheiten von J. A. F. Autenrieth über Zeller und Griesinger bis zu R. Gaupp[49], der schon 1902 in einem Vortrag deutlich ausgesprochen hatte, „nicht eine Ursache, sondern mehrere schaffen die Geisteskrankheit", verfolgen läßt. Ernst Kretschmers Ausführungen zur mehrdimensionalen Diagnostik haben diese historische Entwicklung zum Abschluß gebracht. Mit der Berufung W. Griesingers auf den Lehrstuhl für Psychiatrie und Neurologie in Berlin im Jahre 1865 wurde der nun schon alte Streit zwischen Psychikern und Somatikern weithin sichtbar zugunsten der Tübinger Schule entschieden. Griesingers Lehrbuch „Die Pathologie und Therapie der psychischen Krankheiten", von 1845—1876 in vier Auflagen erschienen, 1865 ins Französische und 1867 ins Englische übersetzt, hat über ein halbes Jahrhundert lang seinen Ansichten fast allgemeine Anerkennung verschafft. Abgelöst wurde es erst durch das Lehrbuch von Krafft-Ebing 1890 und das von Binswanger, Siemerling, Wollenberg u. a. im Jahre 1904. Von Griesingers Werk gingen bedeutende Anstöße auf Lehre und Organisation der Psychiatrie in Deutschland aus, und es würde hier viel zu weit führen, auch nur den Versuch einer Gesamtwürdigung zu machen. Für die Entwicklung des gegenwärtigen Problems ist Griesingers Grundsatz: Geisteskrankheiten sind Hirnkrankheiten, von entscheidender Bedeutung geworden. Griesinger hat hiermit in erster Linie einen Schlußstrich unter die Anthropologie der Romantik gezogen, die gelehrt hatte, daß die beiden Pole des Menschen das Ganglien-System und das Cerebral-System seien. Das Ganglien-System ist der somatische Pol, die Hauptquelle der Leidenschaften, des inneren Sinns, der Gemeingefühle, der Ort der inneren Welt des Gemütes. So war immer formuliert worden von Joh. Chr. Reil, von Nasse und von A. Zeller. Mit dieser Auffassung, die in Melancholie und Manie Erkrankungen des Ganglien-Systems gesehen hatte, bricht Griesinger endgültig. Er will allerdings keineswegs sagen, daß Geisteskrankheiten immer körperliche Ursachen hätten, vielmehr betont er auf Seite 169 der 4. Aufl. seines Lehrbuches [50] ausdrück-

---

[49] l. c.[21]
[50] l. c.[30]

136

lich, daß er psychische Ursachen für die häufigsten und ergiebigsten Quellen des Irreseins halte. Dies war nur möglich, weil Griesinger nicht von der pathologischen Anatomie ausging, sondern auf der Suche nach einer pathologischen Physiologie des Gehirns war. Die Funktion des Gehirns konnte durch seelische und körperliche Ursachen beeinträchtigt werden. Schon A. Zeller hatte aus der Einheit von Leib und Seele gefolgert, daß auch die Seele ihre Physik habe. Es ist recht wahrscheinlich, daß die Anregung auch hier von Herder ausgegangen ist, der vielleicht zum ersten Mal, wenigstens im deutschen Schrifttum, formuliert hat[51]: „Meines geringen Erachtens ist keine Psychologie, die nicht in jedem Schritte bestimmte Physiologie sei möglich. Hallers physiologisches Werk, zur Psychologie erhoben und wie Pygmalions Statue mit Geist belebt, alsdann könnten wir etwas übers Denken und Empfinden sagen." Griesingers Hirnphysiologie beruht auf Übertragung des Reflexbegriffes vom Rückenmark, an dem er gebildet worden war, aufs Gehirn. Die Fähigkeit des Rückenmarks, reflektorisch auf einen bestimmten Reiz regelmäßig und unwillkürlich mit einer motorischen Reaktion zu antworten, war 1833 von Marshall Hall (1790—1857) in London und von Johannes Müller (1801—1858) in Berlin experimentell geklärt worden, nachdem schon 1752 Albrecht v. Haller (1708—1777) die Unterscheidung von Muskeln und Nerven mit den grundlegenden Eigenschaften Irritabilität und Sensibilität gelungen war, und die motorische Natur der vorderen und sensorische Natur der hinteren Rückenmarkswurzeln von Charles Bell (1774—1842) im Jahre 1911 halb gefunden und 1922 durch Francois Magendie (1783—1855) experimentell erwiesen worden war[52]. Der Anreiz, diese ersten und elementaren nervenphysiologischen Einsichten zur Erklärung psychischer Vorgänge zu benutzen, muß groß gewesen sein. Schon Herder hat 1778 Ansätze in dieser Richtung gemacht. Johannes Müller äußerte 1824 in seiner Antrittsvorlesung „Vom Bedürfnis der Physiologie nach einer philosophischen Naturbetrachtung" Ansichten, die den späteren Griesingers sehr ähnlich sind. A. Zeller hatte 1838 von psychischen Reflexen gesprochen, und Jessen hat im gleichen Jahr die Erklärung melancholischer und manischer Zustände durch psychische Reflexe versucht[53]. Griesinger begründete seine mit der Vorstellungspsychologie Herbarts verbundene Psychophysiologie

---

[51] l. c.18

[52] Ackerknecht, E. H.: Experiment und Klinik in der Geschichte der Neurologie. Bull. schweiz. Akad. med. Wiss. **21**, 51 (1965).

[53] Kuhn, R.: Griesingers Auffassung der psychischen Krankheiten und seine Bedeutung für die weitere Entwicklung der Psychiatrie. Beiträge zur Geschichte der Psychiatrie und Hirnanatomie. Basel, New York 1957.

im Jahre 1843 mit dem Aufsatz „Über psychische Reflexaktionen"[54]. Die von den Sinnesorganen dem Gehirn zugeleiteten Eindrücke gehen über in Vorstellungen und Strebungen, Strebungen regen Bewegungen, Aktionen der Muskeln an und werden zu solchen. Der Wahnsinn beruht auf einer Anomalie in der Zerstreuung der Vorstellungen im Gehirn bzw. auf einer Hemmung oder Beschleunigung des psychischen Reflexablaufes. Für die Aufklärung der exogenen Psychosen, d. h. der Geisteskrankheiten, deren Ursache außerhalb des seelischen Bereiches im Körperlichen liegt, hat Griesinger merkwürdig wenig geleistet, obwohl er, der eigentlich noch mehr Internist und Spezialist für Infektionskrankheiten war als Psychiater, über genügend Erfahrung verfügen mußte. In seinem Lehrbuch ist so allerlei Tatsächliches angeführt, das Delirium tremens z. B. Es wird erwähnt, daß fieberhafte Krankheiten zum Ausbruch des Irreseins führen könnten, und daß es im Verlauf des Typhus, des Wechselfiebers oder der Pneumonie zu Fieberdelirien komme. Alle diese Beobachtungen passen jedoch keineswegs in Griesingers Nosologie, in sein Schema der „Einheitspsychose", von dem bereits oben die Rede war, und so stand er, von theoretischen Vorurteilen befangen, diesen Beobachtungen ratlos gegenüber. Wir[55] wissen allerdings, daß Griesinger von einem frühen Tode aus einer tiefgreifenden Wandlung seines Werkes herausgerissen worden war. Es ist so Torso geblieben. Dennoch hatte es eine außerordentliche Nachwirkung gehabt. Vor allem seine pathophysiologische Deutung der Psychosen und seine Lehre von den psychischen Reflexaktionen haben weitergewirkt, vor allem auf Bonhoeffers Lehrer Carl Wernicke (1848—1905), der mit großem Erfolg, aber auch mit großer Einseitigkeit Griesingers Ansätze fortgeführt hat, obwohl er ihn selbst kaum erwähnt. Diese Fortentwicklung war vor allem dadurch möglich geworden, daß nach Griesingers Tod in kurzer Zeit eine reiche Ernte an konkreten hirnanatomischen und hirnphysiologischen Forschungsergebnissen eingebracht werden konnte. 1861 hatte Broca die motorische Aphasie beschrieben, 1870 entdeckten Fritsch und Hitzig die motorischen Zentren der Hirnrinde. Das bedeutende Lebenswerk von Theodor Meynert (1833 bis 1892) hatte Grundsätzliches über Bau und Funktion des Gehirns zutage gebracht. Meynert hatte an Hand seiner Methode der Gehirnauffasserung die Annahme wahrscheinlich gemacht, daß die Gehirnrinde durch geschlossene Nervenbahnen mit der Peripherie verbunden sei — er nannte diese „Projektionsbahnen" — und so gewissermaßen die Projektionsfläche der einzelnen Sinne und der willkürlichen Muskulatur darstelle. Mey-

---

⁵⁴ Griesinger, W.: Gesammelte Abhandlungen. Berlin 1872.
⁵⁵ Zeller, G.: Welcher psychiatrischen Schule hat W. Griesinger angehört? l. c.[26]

nerts Lehre[56], daß die hintere Gehirnhälfte die Stelle der Erinnerungsbilder sensorischer
Erregung, das Vorderhirn die der Bewegungsvorstellung sei, d. h. also, daß eine Trennung in eine motorische und eine sensorische Sphäre auch in der Gehirnrinde möglich
sei, hatte Wernicke auf den Gedanken gebracht, daß sich auch der Sprachvorgang auf
einen psychischen Reflexbogen zurückführen lasse. Diese Überlegungen befähigten den
erst 26 Jahre alten damaligen Assistenten der Nervenabteilung des Allerheiligen-Hospitals in Breslau zu der grundlegenden und bedeutenden Entdeckung der „sensorischen
Aphasie". Meynert hatte innerhalb des Gehirns neben dem Projektionssystem ein Assoziationssystem beschrieben, das die Zentren unter sich verbinde. In diesem Assoziationssystem, dem zentralen Teil des psychischen Reflexbogens, nahm Wernicke an, entstehe
durch Leitungsunterbrechung (Sejunktion) die Funktiosstörung, die zur Geisteskrankheit führe. Entsprechend den Abschnitten des psychischen Reflexbogens teilte Wernicke
dann auch die psychischen Störungen ein in psychosensorische, intrapsychische und
psychomotorische. Die Erinnerungsbilder von den aus dem eigenen Körper zugeführten Erregungen bilden das Bewußtsein der Körperlichkeit, die Erinnerungsbilder, aus
denen sich das Bild der Außenwelt zusammensetzt, das Bewußtsein der Außenwelt,
die Summe der individuellen Erlebnisse und der Stellung der eigenen Person zur Außenwelt umfaßt das Bewußtsein der Persönlichkeit. Störungen dieser Bewußtseinsgebiete
führen zu Somato-Psychosen, Allo-Psychosen oder Auto-Psychosen. Der Ort der Läsion
bestimmt die Symptomatik, d. h. die Verschiedenheit der klinischen Bilder ist durch
die Verschiedenheit der Lokalisation der Störung im Gehirn verursacht. Die Ätiologie
als Einteilungsprinzip lehnte Wernicke ganz ab und brachte sich damit in einen entschiedenen Gegensatz zu Emil Kraepelin, dem beherrschenden Mann der deutschen
Psychiatrie, auf dessen nosologischem System sie noch immer fußt. Die glänzenden
Erfolge der von Robert Koch (1843—1910) geschaffenen bakteriologischen Methode
hatten in der gesamten Medizin einen ganz neuen Begriff der Spezifität der Krankheiten entstehen lassen. Seit der Erforschung des Milzbrandes[57] war die Formel: „gleicher Erreger = gleiches Krankheitsbild = gleicher pathologisch-anatomischer Befund"
anwendbar. Bis dahin hatte man selbst im Bereich der Infektionskrankheiten Übergänge
gesehen. Der alte Begriff der Transmutation morborum war noch immer lebendig
gewesen. Die Forschung des ausgehenden 19. Jahrhunderts bemüht sich nun um Auf-

---

[56] Bonhoeffer, K.: Die Stellung Wernickes in der Psychiatrie. Allgem. med. Central-Zeitung
   74, 641 (1905).
[57] Koch, R.: Beitrag zur Biologie der Pflanzen. Breslau 1876, S. 277.

deckung von Krankheitseinheiten. Diese neue Methode und Denkrichtung hatte auch in der Psychiatrie bald einen erstaunlichen Erfolg aufzuweisen, nämlich die Aufklärung der progressiven Paralyse. Emil Kraepelins Forschungswerk ist ganz dem Problem der Krankheitseinheiten verschrieben. Er war der Überzeugung, daß jeder körperlichen Noxe, jedem exogenen oder endogenen Gift eine bestimmte Geistesstörung zugeteilt werden könne. Er führte aus[58]: „Mit ganz besonderer Befriedigung aber betrachte ich den Umstand, daß nach Ausweis unserer Versuchsergebnisse jedem einzelnen der hier besprochenen Stoffe eine durchaus eigenartige Wirkung auf unser Seelenleben zukommt." Der Gedanke, daß der Satz „gleiche Ursache = gleiche Wirkung" nicht gelten könne, schien Kraepelin nicht nur unlogisch, sondern ganz undenkbar[59]. Zwischen Wernickes rein symptomatologischer und Kraepelins rein ätiologischer Auffassung war ein Kompromiß nicht möglich. Gerade in diesen Zwiespalt hinein traf Bonhoeffers Forschungswerk. An den Folgen des Alkohlmißbrauchs konnte er einleuchtend exemplifizieren, daß „die gleiche Ursache", nämlich Alkoholmißbrauch, durchaus verschiedene Wirkungen neben dem Rausch, z. B. Delirium tremens, Korsakow-Syndrom, haben kann. Bei der gründlichen jahrelangen unvoreingenommenen Beschäftigung mit den psychischen Störungen, die im Gefolge schwerer körperlicher Erkrankungen auftreten, machte er dann die Erfahrung, daß sich gewisse psychische Reaktionsformen in besonderer Häufigkeit finden, körperliche Erkrankungen also nicht zu jeder beliebigen Geistesstörung führen können. Bonhoeffer hat das Ergebnis seiner Untersuchungen im Schlußwort seines grundlegenden Handbuch-Beitrages „Die Psychosen im Gefolge von akuten Infektionen, Allgemeinerkrankungen und inneren Erkrankungen"[60] so zusammengefaßt: „Beim Überblick über die Gesamtheit der geschilderten symptomatischen psychischen Störungen hebt sich, wie mir scheint, ein Punkt mit besonderer Deutlichkeit hervor. Der Mannigfaltigkeit der Grunderkrankungen steht eine große Gleichförmigkeit der psychischen Bilder gegenüber. Es ergibt sich die Auffassung, daß wir es mit typischen psychischen Reaktionsformen zu tun haben, die von der speziellen Form der Noxe sich verhältnismäßig unabhängig zeigen. Infektionskrankheiten, zur Erschöpfung führende somatische Erkrankungen, Autointoxikationen, von den verschiedensten Organerkrankungen ausgehend, zeigen im wesentlichen übereinstimmende

---

[58] Kraepelin, E.: Über die Beeinflussung einfacher psychischer Vorgänge durch einige Arzneimittel. Jena 1892.
[59] Liepmann, H.: Über Wernickes Einfluß auf die klinische Psychiatrie. Mschr. Psychiat. 30, 1 (1911).
[60] l. c.[24]

psychische Schädigungen. Ich habe an anderer Stelle darauf hingewiesen, daß man den
Kreis der Ätiologien noch weiter ziehen kann. Man ist berechtigt, von exogenen psychischen Reaktionstypen zu sprechen, denn auch die chronischen Intoxikationen, auch
schwere Hirntraumen, Strangulationshyperämien können übereinstimmende akute
Bilder zeigen. Diese Reaktionsformen sind Delirien, epileptiforme Erregungen, Däm-
merzustände, Halluzinosen, Amentiabilder, bald mehr halluzinatorischen, bald kata-
tonischen, bald inkohärenten Charakters. Diesen Erscheinungsformen entsprechen
bestimmte Verlaufstypen: kritischer oder lytischer Abfall, Entwicklung emotionell-
hyperaesthetischer Schwächczustände, amnestischer Phasen von Korsakowschem Typus,
Steigerungen zum Delirium acutum und zum Meningismus." Bonhoeffer erinnert daran,
daß es auch im Rahmen der exogenen Psychosen manische und depressive Verstim-
mungszustände gibt, und daß somit eine scharfe und vollständige symptomatologische
Scheidung der exogenen Symptombilder von den psychischen Zustandsbildern, die man
endogen nennt, nicht durchführbar ist. Er postuliert, daß die primäre Noxe zu einem
„ätiologischen Zwischenglied" führe, einer pathogenen Veränderung in den inneren
Organen oder im Gehirnstoffwechsel. Die Erscheinungsbilder des exogenen Reaktions-
typus faßt er auf als Reaktion auf diese sekundär autotoxischen Wirkungen. Bonhoeffer
ist mit dieser Darstellung der Lösung eines uralten medizinischen Problems nahegekommen. Seine Darstellung hat Bestand gehabt, sie ist aus der Psychiatrie nicht
mehr wegzudenken, ja, sie ist für das psychiatrische Denken immer bedeutungsvoller
geworden[61]. Eine Klärung der Zusammenhänge, die Bonhoeffer unter der Überschrift
„ätiologisches Zwischenglied" beschreibt, steht allerdings noch immer aus[62]. Das Problem der exogenen Psychosen ist zwar in der anglo-amerikanischen und französischen
Psychiatrie unter dem Einfluß von Hughlings Jackson (1835—1911), Adolf Meyer
(1866—1950) und Henry Ey anders gelöst worden. Bonhoeffers Lehre von den akuten
exogenen Reaktionstypen ist aber die vorsichtigste Lösung und sie kommt den Tatsachen wohl am nächsten. Wie Zutt ausführt, hat sich Bonhoeffer schriftlich außerordentlich wenig zum Problem der endogenen Psychosen geäußert. Gerade dieser vor-
sichtige Agnostizismus und seine Forschung über die akuten Reaktionstypen haben
aber die Bahn freigemacht für die Entwicklung eines neuen Verständnisses der Eigen-
ständigkeit der psychischen Krankheiten, die wir die endogenen nennen.

---

[61] Bleuler, M.: Akute psychische Begleiterscheinungen körperlicher Krankheiten. Stuttgart 1966.
[62] Schwarz, H.: Die Bedeutung Karl Bonhoeffers für die Psychiatrie der Gegenwart. Psychia-
    trie **19**, 3, 81 (1967).

Gibt es eine Bonhoeffer-Schule?

An die Besprechung von Bonhoeffers wissenschaftlichem Hauptwerk darf die Frage angeschlossen werden, ob er denn eine wissenschaftliche Schule begründet hat, etwa wie die oben skizzierte Tübinger Psychiatrie-Schule? Der Augenschein könnte hierfür sprechen, ist doch aus Bonhoeffers Klinik eine ungewöhnlich große Zahl profilierter Wissenschaftler hervorgegangen. Er hat selbst in seiner Autobiographie nur eine kleine Auswahl aus der Vielzahl bekannter Namen erwähnt. Nicht weniger als sieben Inhaber selbständiger Lehrstühle finden sich unter diesen. Die Frage, ob es eine Bonhoeffer-Schule gibt, drängt sich dem Betrachter angesichts der so unterschiedlichen, originellen und oft in keinem deutlichen inneren Zusammenhang mit Bonhoeffers wissenschaftlichem Lebenswerk stehenden Leistungen seiner Schüler auf. Sicher wird kein Assistent oder Oberarzt ohne starke dauerhafte Eindrücke gewonnen zu haben aus Bonhoeffers Klinik geschieden sein, aber man bezeichnete sich selbst nicht als Bonhoeffer-Schüler, und man wurde von Karl Bonhoeffer auch nicht als Schüler behandelt. Scheller[63] hat dies lebendig dargestellt. An Bonhoeffers Klinik herrschte eine sachliche, etwas kühle Arbeitsatmosphäre, alles vollzog sich ohne überflüssiges Gerede. Die Autorität des Chefs, seine Selbstzucht und Haltung prägten den Stil der Mitarbeiter, aber dieser Chef herrschte nicht. Er ließ vielmehr jedem völlige Freiheit in der Wahl seiner wissenschaftlichen Interessen. Wenn er die Bearbeitung eines Themas für wünschenswert hielt, so brachte er dies bei entsprechender Gelegenheit durch hingeworfene Bemerkungen zum Ausdruck. Er drängte überhaupt niemand zu literarischer Arbeit. Er protegierte aber auch nicht und es war sicher nicht sein Ehrgeiz, möglichst viele seiner Mitarbeiter in prominente Stellungen zu heben. Daß dennoch so viele eigenständige, geistig-produktive und auch erfolgreiche Wissenschaftler aus seiner Charité-Abteilung hervorgegangen sind, liegt eben daran, daß er Freiheit und durch Vorbild Ansporn gab zu eigener Leistung nach Anlage und Neigung. Der produktive, eigenständig forschende Universitätslehrer hat so produktive, sich selbständig entwickelnde Schüler gehabt. Man kann so doch wohl sagen, daß Bonhoeffer eine Schule gebildet hat. Das Gemeinsame dieser Schule ist aber nicht, daß an einem vom Chef gegebenen Generalthema gearbeitet worden wäre, oder, daß Grundüberzeugungen und geistige Traditionen eine durchgehende Forschungsrichtung begründet hätten, sondern die Tatsache, daß diese Schüler, von der Persönlichkeit Karl Bonhoeffers geprägt und zur Selbständigkeit geführt worden sind.

---

[63] Scheller, H.: Zur Geschichte der Psychiatrie an der Berliner Universität. Erinnerungen an Karl Bonhoeffer. Studium Berolinense 1960, 290—311.

Bonhoeffers Nachkriegsäußerung über Führerprinzip und Massenwahn

Es ist unmöglich, das Nachwort abzuschließen, ohne auch etwas zu dem Aufsatz zu sagen, den die Herausgeber der Autobiographie angeschlossen haben, und der an dieser Stelle zum ersten Mal publiziert wird. Wer wäre nach Kriegsende befähigter und berechtigter gewesen, anklagend, kritisch oder tadelnd eine Stimme zu erheben, als gerade Karl Bonhoeffer. Er schwieg. Erst als von maßgeblicher Seite der Versuch gemacht wurde, die These von der Kollektivschuld des deutschen Volkes in ein tiefenpsychologisches Theorem zu verwandeln, hat er sich zum Wort gemeldet. Aus welchem Grunde der Aufsatz, der schon in einem Fahnenabzug vorlag, nicht veröffentlicht wurde, ist nicht bekannt. Heute wird niemand, der die Zeit zwischen 1933 und 1945 bewußt erlebt hat, ihn ohne innere Bewegung lesen. Er gibt zu ernster Besinnung Anlaß. Bonhoeffer selbst wird in diesen Zeilen noch einmal sichtbar als der große Selbständige, Besonnene, Objektive und so auf den Grund der Dinge Dringende.

Zur Bibliographie Karl Bonhoeffers

A. Verzeichnis der wissenschaftlichen Arbeiten Karl Bonhoeffers

1. Bonhoeffer, K.: Ein Beitrag zur Lokalisation der choreatischen Bewegungen. Mschr. Psychiat. Neurol. **1**, 6—41 (1897).
2. — Kasuistische Beiträge zur Hirnchirurgie und Hirnlokalisation. Mschr. Psychiat. Neurol. **3**, 298—316 (1898).
3. — Pathologisch-anatomische Untersuchungen an Alkohol-Deliranten. Mschr. Psychiat. Neurol. **5**, 265—284 (1899).
4. — Über die Zusammensetzung des großstädtischen Bettel- und Vagabundentums. Neurol. Zbl. **19**, 479—480 (1900).
5. — Zur Auffassung der posthemiplegischen Bewegungsstörungen. Mschr. Psychiat. Neurol. **10**, 383—392 (1901).
6. — Die akuten Geisteskrankheiten der Gewohnheitstrinker. Jena: G. Fischer 1901.
7. — Zur Pathogenese des Delirium tremens. Berl. klin. Wschr. **1901**, 832—836.
8. — Zur Kenntnis der Rückbildung motorischer Aphasien. Neurol. Zbl. **21**, 1076—1077 (1902).
9. — Zur Kenntnis des großstädtischen Bettel- und Vagabundentums. 2. Beitrag: Prostituierte. Z. ges. Strafrechtswiss. **23**, 106—120 (1903).
10. — Kasuistische Beiträge zur Aphasielehre. Arch. Psychiat. Nervenkr. **37**, 564—597, 800 bis 825 (1903).
11. — Der Korsakow'sche Symptomenkomplex in seinen Beziehungen zu den verschiedenen Krankheiten. Neurol. Zbl. **23**, 483—484 (1904).
12. — Über das Verhalten bei Hirnrindenläsionen. Dtsch. Z. Nervenheilk. **26**, 57—77 (1904).
13. — Über den pathologischen Einfall. Dtsch. med. Wschr. **39**, 1420—1423 (1904).
14. — Alkoholische Geistesstörungen. Deutsche Klinik, Bd. VI, Abt., 511—540 (1906).
15. — Jackson'sche Epilepsie und Hirndiagnostik. Berl. klin. Wschr. **28**, 935—940 (1906).
16. — Klinische Beiträge zur Lehre von Degenerationspsychosen. Samml. zwangl. Abhandl. a. d. Geb. d. Nerven- und Geisteskrankheiten. Halle: Marhold 1906
17. — Benommenheit und Handlungsfähigkeit. Ärztl. Sachv. Z. **1907**, 157—159.
18. — Über den Einfluß des Cerebellum auf die Sprache. Mschr. Psychiat. Neurol. **24**, 379 bis 382 (1908).
19. — Zur Frage der Klassifikation der symptomatischen Psychosen. Berl. klin. Wschr., **1908**, 2257—2261.
20. — Zur Frage der exogenen Psychosen. Neurol. Zbl. **32**, 499—505 (1909).
21. — Anmerkungen zur Behandlung und Diagnose der progressiven Paralyse. Berl. klin. Wschr., **1910**, 2277—2280.
22. — Die symptomatischen Psychosen im Gefolge von Infektionen und inneren Erkrankungen. In: Handbuch der Psychiatrie. Aschaffenburg-Leipzig-Wien: F. Deuticke 1911.

23. Bonhoeffer, K.: Wie weit kommen psychogene Krankheitszustände und Krankheitsprozesse vor, die nicht der Hysterie zuzurechnen sind? Allg. Z. Psychiat. **68**, 371—386 (1911).
24. — Alkohol-, Alkaloid- und andere Vergiftungspsychosen. Z. ärztl. Fortbild. **8**, 415 bis 422 (1911).
25. — Ein Fall von Narkolepsie. Berl. klin. Wschr. **1911**, 1250—1251.
26. — Zur Diagnose der Tumoren des IV. Ventrikels u. d. idiopath. Hydrocephalus nebst einer Bemerkung zur Hirnpunktion. Arch. Psychiat. Nervenkr. **49**, 1—24 (1912).
27. — Neurasthenie und endogene Depressionen. Berl. klin. Wschr., **1912**, 1—4.
28. — Über die Bedeutung der psychiatrischen Untersuchungsmethodik für die allgemeine ärztliche Ausbildung. Berl. klin. Wschr., **1912**, 925—927.
29. — Zur Differentialdiagnose zwischen cerebralen Gefäßerkrankungen und Hirntumor. Mschr. Psychiat. Neurol. **32**, 391—402 (1912).
30. — Zur pathogenetischen Auffassung der Zwangsvorstellungen. Neurol. Zbl. **31**, 73 bis 74 (1913).
31. — Über die Beziehungen der Zwangsvorstellung zum Manisch-Depressiven. Mschr. Psychiat. Neurol. **33**, 354—358 (1913).
32. — Die Infektions- und Autointoxikationspsychosen. Mschr. Psychiat. Neurol. **34**, 506 bis 510 (1913).
33. — Bemerkungen zur Frage der Einführung der verminderten Zurechnungsfähigkeit. Charité-Annalen **37**, 101 (1913).
34. — Chronische Rindenreizung im Facialisgebiete (Encephalitis). Neurol. Zbl. **33**, 474 (1914).
35. — Klinischer und anatomischer Befund zur Lehre von der Apraxie und der „motorischen Sprachbahn". Mschr. Psychiat. Neurol. **35**, 113—128 (1914).
36. — Ausgesprochene Marchi-Degenerationen im Marklager des Kleinhirnwurms beim Delirium tremens. Zbl. ges. Neurol. Psychiat. **33**, 864 (1914).
37. — Zwei Fälle psychogener Lähmungen ungewöhnlicher Pathogenese. Zbl. ges. Neurol. Psychiat. **33**, 992 (1914).
38. — Psychiatrie und Krieg. Dtsch. med. Wschr. **39**, 1777—1779 (1914).
39. — Psychiatrisches zum Krieg. Mschr. Psychiat. Neurol. **36**, 435—448 (1914).
40. — Psychiatrie und Neurologie. Mschr. Psychiat. Neurol. **37**, 9—104 (1915).
41. — Doppelseitige, symmetrische Schläfen- und Parietallappenherde als Ursache von vollständiger, dauernder Worttaubheit bei erhaltener Tonskala, verbunden mit taktiler und optischer Agnosie. Mschr. Psychiat. Neurol. **37**, 17—38 (1915).
42. — Erfahrungen über Epilepsie und Verwandtes im Feldzuge. Mschr. Psychiat. Neurol. **38**, 61—72 (1915).
43. — Die Differentialdiagnose der Hysterie und psychopathischen Konstitution gegenüber der Hebephrenie im Felde. Med. Klin. **32**, 877—881 (1915).
44. — Obergutachten der kgl. wissenschaftl. Deputation für das Medizinalwesen vom 17. Juni 1914 (J.-Nr. 21 C) betreffend Verantwortlichkeit des Irrenarztes für den Selbstmord eines Geisteskranken. Vjschr. gerichtl. Med. **49**, 177 (1915).
45. — Über meningeale Scheincysten am Rückenmark. Berl. klin. Wschr., **1915**, 1015—1018.
46. — Isolierte Kontraktur in den Beugern des kleinen, des Ring- und Mittelfingers psychogener Entstehung bei einem Katatoniker. Neurol. Zbl. **35**, 607 (1916).
47. — Demonstration eines Kranken mit Perioden von Rindenepilepsie bei cystischer Großhirnerkrankung. Neurol. Zbl. **35**, 606 (1916).

48. Bonhoeffer, K.: Erfahrungen aus dem Kriege über die Ätiologie psychopathologischer Zustände mit besonderer Berücksichtigung der Erschöpfung und Emotion. Allg. Z. Psychiat. **73**, 77—95 (1917).

49. — Über die Abnahme des Alkoholismus während des Krieges. Mschr. Psychiat. Neurol. **41**, 382—385 (1917).

50. — Granatfernwirkung und Kriegshysterie. Mschr. Psychiat. Neurol. **42**, 51—58 (1917).

51. — Die Dienstbeschädigungsfrage in der Psychopathologie. Aus: die militärärztliche Sachverständigentätigkeit auf dem Gebiete des Ersatzwesens und der militärischen Versorgung. Jena: Fischer 1917.

52. — Die exogenen Reaktionstypen. Arch. Psychiat. Nervenkr. **58**, 58—70 (1917).

53. — Partielle, reine Tastlähmung. Mschr. Psychiat. Neurol. **43**, 141—145 (1918).

54. — Schwangerschaftsunterbrechung bei psych. und nervösen Störungen. Berl. klin. Wschr., **55**, 12—15 (1918).

55. — Einige Schlußfolgerungen aus der psychiatrischen Krankenbewegung während des Krieges. Arch. Psychiat. Nervenkr. **60**, 721—728 (1919).

56. — Fürsorge für Hirnverletzte und Kriegsneurotiker. Berl. klin. Wschr. **56**, 91—93 (1919).

57. — Psychische Wirkungen der Kriegsunterernährung. Mschr. Psychiat. Neurol. **45**, 305 bis 306 (1919).

58. — Zur Frage der Schreckpsychosen. Mschr. Psychiat. Neurol. **46**, 143—156 (1919).

59. — Die Encephalitis epidemica. Dtsch. med. Wschr. **47**, 229—231 (1921).

60. — Geistes- und Nervenkrankheiten (Hrsg. K. Bonhoeffer). In: Handbuch der ärztlichen Erfahrungen im Weltkriege 1914/18 (Hrsg. O. v. Schjerning). Bd. **4**. Leipzig: Ambr. Barth 1922.

61. — Psychische Residuärzustände nach Encephalitis epidemica bei Kindern. Klin. Wschr. **1**, 1446—1449 (1922).

62. — Ungewöhnlicher Verlauf einer chronischen progressiven Choreapsychose. Zbl. ges. Neurol. Psychiat. **32**, 395 (1923).

63. — Inwieweit sind politische, soziale und kulturelle Zustände einer psychopathologischen Betrachtung zugänglich? Klin. Wschr. **2**, 598—601 (1923).

64. — Zur Klinik und Lokalisation des Agrammatismus und der Rechts-Links-Desorientierung. Mschr. Psychiat. Neurol. **54**, 11—42 (1923).

65. — Unterernährungspsychose vom Pellagratypus. Dtsch. med. Wschr. **49**, 741—745 (1923).

66. — Welche Lehre kann die Psychiatrie aus dem Studium der Encephalitis lethargica ziehen? Dtsch. med. Wschr. **49**, 1385—1386 (1923).

67. — Die Unfruchtbarmachung der geistig Minderwertigen. Klin. Wschr. **3**, 798—801 (1924).

68. — Die Entwicklung der Anschauungen von der Großhirnfunktion in den letzten 50 Jahren. Dtsch. med. Wschr. **50**, 1708—1710 (1924).

69. — u. Ilberg: Über die Verbreitung und Bekämpfung des Morphinismus und Cocainismus. Zbl. ges. Neurol. Psychiat. **42**, 324—327 (1926).

70. — Zur Therapie des Morphinismus. Ther. d. Gegenw. **67**, 1—18 (1926).

71. — Zur Frage der fortschreitenden und stationären Wahnbildungen bei narkotischen Dauervergiftungen. Allg. Z. Psychiat. Nervenkr. **84**, 38—51 (1926).

72. — u. W. His: Beurteilung, Begutachtung und Rechtssprechung bei den sog. Unfallneurosen. Leipzig: G. Thieme 1926.

73. Bonhoeffer, K.: Bemerkungen zur „Unfallneurose" anhand einiger neuerer Arbeiten. Dtsch. med. Wschr. **53**, 14—16 (1927).

74. — Klinisch-anatomische Beiträge zur Pathologie des Sehhügels und der Regio Subthalamica. Mschr. Psychiat. Neurol. **67**, 253—271 (1928).

75. — Bemerkungen zu Schorn's Aufsatz „Der Gerichtsarzt". Mschr. Krim. Psychologie und Strafrechtsreform, **19**, 433—434 (1928).

76. — Über Dissoziation der Schlafkomponenten bei Postencephalitikern. Wien. klin. Wschr. **28**, 979—981 (1928).

77. — Über die neurologischen und psychischen Folgeerscheinungen der Schwefel-Kohlenstoffvergiftungen. Mschr. Psychiat. Neurol. **75**, 195—206 (1930).

78. — Einige Beziehungen psychischer und neurologischer Erkrankungen zur Balneotherapie. Wien. med. Wschr. 1930, 493—497.

79. — u. H. Schwarz: Zur Frage des chronischen Codeinmißbrauches. Dtsch. med. Wschr. **56**, 1043—1044 (1930).

80. — Über Alkoholtoleranz-Veränderungen im dipsomanen Anfall. Z. ges. Neurol. Psychiat. **127**, 483—489 (1930).

81. — Klinische und anatomische Beiträge zur Pathologie des Sehhügels und der Regio subthalamica. II. Mitt. subthalamische Herde mit Hemichorea. Mschr. Psychiat. Neurol. **77**, 127—143 (1930).

82. — Psychopathologisches aus der Nachkriegszeit. Z. ärztl. Fortbild. **28**, 138 (1931).

83. — Zur Stellung der Neurologie im medizinischen Unterricht und in den allgem. Krankenhäusern. Mschr. Psychiat. Neurol. **83**, 180—186 (1932).

84. — Die Bedeutung der exogenen Faktoren bei der Schizophrenie. Mschr. Psychiat. Neurol. **88**, 201—215 (1934).

85. — Die Psychiatrischen Aufgaben bei der Ausführung des Gesetzes zur Verhütung erbkranken Nachwuchses. Hrsg.: Bonhoeffer u. a. Berlin: Karger 1934.

86. — Psychopathologische Erfahrungen und Lehren des Weltkrieges. Münch. med. Wschr. **81**, 1212—1215 (1934).

87. — u. J. Zutt: Über den Geisteszustand des Reichstagbrandstifters Marinus van der Lubbe. Mschr. Psychiat. Neurol. **89**, 185—213 (1934).

88. — Der Stand der Sehhügellokalisation. Mschr. Psychiat. Neurol. **91**, 1—14 (1935).

89. — Zur Epilepsiediagnose im Sterilisierungsverfahren. Med. Welt **1935**, 1659—1660.

90. — Die akuten und chronischen choreatischen Erkrankungen und die Myoklonien. Berlin: Karger 1936.

91. — u. W. Stoeckel: Gibt es menstruelle Epilepsien als nicht genuine Form und ist diese Grund zur Sterilisierung? Med. Welt **1936**, 836—837.

92. — Einige klinische Tages- und Zukunftsfragen im Schizophrenie und Epilepsieproblem. In: Gegenwartsprobleme der psychiat-neurol. Forschung, S. 18—31. Stuttgart: Enke 1939.

93. — Die Geschichte der Psychiatrie der Charité im 19. Jahrhundert. Berlin: Springer 1940.

94. — Störungen des Zeiterlebens als Migräne-Äquivalent (Kasuistische Mitteilung). Nervenarzt **13**, 154—156 (1940).

95. — Dauerausfallserscheinungen bei Migräne. Dtsch. med. Wschr. 66, 521—523 (1940).

96. — Nervenärztliche Erfahrungen und Eindrücke. Berlin: Springer 1941.

97. Bonhoeffer, K.: Vergleichende psychopathologische Erfahrungen aus den beiden Weltkriegen. Nervenarzt 18, 1—4 (1947).
98. — Ein Rückblick auf die Auswirkung und die Handhabung des nationalsozialistischen Sterilisationsgesetzes. Nervenarzt 20, 1—5 (1949).

B. Biographische Aufsätze über Bonhoeffer

1. Gaupp, R.: Rückblick und Ausblick (Offener Brief an Bonhoeffer zu seinem 75. Geburtstag) Z. ges. Neurol. Psychiat, 175, 325—332 (1942/43)
2. Sterz, G.: Karl Bonhoeffer. In: Große Nervenärzte (K. Kolle, Hrsg.). Bd. I, S. 15 bis 127. Stuttgart: G. Thieme 1956.
3. Scheller, H.: Zur Geschichte der Psychiatrie an der Berliner Universität. Erinnerung an Karl Bonhoeffer. In: Studium Berolineus, S. 290—311. W. de Gruyter (Gedenkschrift zur 150. Wiederkehr des Gründungsjahres der Universität Berlin) 1960.
4. — Karl Bonhoeffer 1868—1948. Arch. Psychiat. Nervenkr. 211, 234—240 (1968).
5. Schrenk, M.: Drei Centenarien: Griesinger-Bonhoeffer, das „Archiv für Psychiatrie und Nervenkrankheiten" 1868—1968. Arch. Psychiat. Nervenkr. 211, 219—233 (1968).